农业野生植物资源调查与保护系列丛书

辽宁省重要农业资源概述

董淑萍　陈宝雄　主编

中国农业出版社

图书在版编目（CIP）数据

辽宁省重要农业资源概述 / 董淑萍，陈宝雄主编
. —北京：中国农业出版社，2020.12
（农业野生植物资源调查与保护系列丛书）
ISBN 978-7-109-27451-8

Ⅰ．①辽…　Ⅱ．①董…②陈…　Ⅲ．①野生植物—植
物资源—资源调查—辽宁②野生植物—植物资源—资源保
护—辽宁　Ⅳ.①Q948.523.1

中国版本图书馆CIP数据核字（2020）第195490号

中国农业出版社出版
地址：北京市朝阳区麦子店街18号楼
邮编：100125
策划编辑：闫保荣　文字编辑：常　静
版式设计：王　晨　责任校对：沙凯霖
印刷：中农印务有限公司
版次：2020年12月第1版
印次：2020年12月北京第1次印刷
发行：新华书店北京发行所
开本：787mm×1092mm　1/16
印张：10.75
字数：280千字
定价：88.00元

《辽宁省重要农业资源概述》

编委会名单

主 任 委 员　王久臣　李　波
副主任委员　李少华　李　想　李景平　韩允垒　徐文灏　张　俊
委　　　员　黄宏坤　孙玉芳　杨庆文

- -

主　　　编　董淑萍　陈宝雄
副　主　编　陈旭辉　苗　青　张宏斌
编　　　委（按姓氏笔画排序）

万　妮　王　迪　王　缇　文北若　田春雨　曲　波
曲　智　庄　武　刘　智　刘晶晶　闫　实　关　萍
许玉凤　孙　昊　李好琢　李垚奎　李朝婷　邱　月
陈　利　邵美妮　郑嘉宁　郝　明　段青红　韩智华
焦明会　翟　强

序

　　农业野生植物是植物资源的重要组成部分，是地球上极为宝贵的财富，是遗传育种和生物技术研究的重要物质基础。我国是世界作物起源中心之一，是水稻、大豆等重要农作物的起源地，也是野生和栽培果树的主要起源和分布中心。这些资源可为作物良种选育提供取之不尽、用之不竭的基因资源，是保障农业可持续发展的宝贵财富。

　　我国国情决定了农业发展必将受到农产品的巨大需求与资源短缺、环境恶化的矛盾制约，加之国际农业市场竞争日益激烈，我国农业可持续发展面临多重压力和严峻挑战。保护野生植物基因资源多样性，利用分子技术发掘其中优异基因，推动农业科技革命，是实现农业可持续发展的重要措施。随着现代工业和城市建设的发展，生产经营结构单一、环境污染和生态破坏等因素日益加重了野生种质资源的灭绝。这些物种一旦丧失就再也无法恢复，如不采取强有力的保护措施，将严重影响农业可持续发展和人类的生存质量。

　　近些年来，我国政府加大了对农业野生植物的保护力度，经过几十年的努力，初步形成了全国各有关农业科研部门共同协作的种质资源收集、保存、鉴定、研究、创新和利用的工作体系，建立了国家粮食和农业植物遗传资源保存体系，包括国家长期库1座、国家复份库1座、国家中期库10座、国家种质圃43个，并着手对保存的重要作物遗传资源进行核心种质库的构建工作。虽然原生境保护工作开展相对较晚，但近10年来也有了很大发展，原生境保护进入了一个快速发展时期，全国已建设农业野生植物原生境保护点178个，在农业野生植物资源保护过程中发挥了重要作用。

目前，各地先后组织开展了深入的国家重点保护农业野生植物资源调查和抢救性收集工作。迫切需要及时掌握各地调查和保护的动态和成果，总结农业野生植物保护的技术、经验和取得的成绩，探索农业野生植物资源保护和可持续利用的模式和途径，这对于有效保护我国宝贵的农业野生植物资源具有重要的意义。令人欣慰的是，农业部农业生态与资源保护总站组织编写的"农业野生植物资源调查与保护系列丛书"，涵盖了不同省份农业野生植物的物种信息，并系统介绍了各地开展的保护工作及经验教训、保护模式和技术。这对于科研、管理和技术人员都具有重要的参考价值。本系列丛书是农业野生植物保护工作者集体智慧与劳动的结晶。相信这支队伍会取得更加辉煌的成就，为农业野生植物保护事业的蓬勃发展做出更大的贡献。

刘旭

2015年5月21日

目　录

1 辽宁省自然环境和社会环境概况

1.1 自然环境概况

1.1.1 地理位置

辽宁位于中国东北地区南部，地理坐标为东经118°50′~125°47′，北纬38°43′~43°29′。辽宁东北与吉林省接壤，西北与内蒙古自治区为邻，西南与河北省毗连，以鸭绿江为界河，与朝鲜隔江相望，南濒浩瀚的渤海和黄海，面向亚洲大陆连接亚欧两大洲，前有宽阔的沿海地带，后有辽阔的腹地。

辽宁省陆地面积14.59万平方千米，占中国陆地面积的1.5%。陆地面积中，山地面积8.72万平方千米，占59.8%；平地面积4.87万平方千米，占33.4%；水域面积1万平方千米，占6.8%。海域面积15.02万平方千米，其中渤海部分7.83万平方千米，北黄海7.19万平方千米。辽宁省共辖14个地级市，其中计划单列市1个（大连），副省级城市2个（沈阳、大连），另有58个市辖区、5个开放先导区（均在大连）、17个县级市、26个县（其中8个为少数民族自治县）。

辽宁省海岸线东起鸭绿江口，西至山海关老龙头，大陆海岸线全长2 178千米，占中国大陆海岸线总长的12%，岛屿岸线长622千米，占中国岛屿岸线总长的4.4%。近海分布大小岛屿506个，岛屿面积187.7平方千米。沿黄海的主要岛屿有外长山列岛、里长山列岛、石城列岛和大、小鹿岛等；沿渤海主要岛屿有菊花岛、大小笔架山、长兴岛、凤鸣岛、西中岛、东西蚂蚁岛、虎平岛、猪岛和蛇岛等。

辽宁的区位在同国际的联系方面，东出可达朝鲜、日本；北上可去俄罗斯远东和西伯利亚、蒙古人民共和国；南下可连接东北亚与东南亚的海陆交通线；西去为中国欧亚北线大陆桥的东端桥头堡。因此，辽宁省是中国东北经济区通向世界的海陆进出口门户，是欧亚两洲海上与内陆、亚洲的东北亚与南亚等国和地区之间，发展经济贸易、文化交流的国际通道。

辽宁省的地理位置特点使其成为中国东北经济区和环渤海经济区的重要成员与联系纽带，在中国北方发挥对外联系的海陆运输枢纽作用；发挥对内对外贸易的前沿阵地作用；发挥从国外引进资金、技术、资源，向腹地转移的桥梁和窗口作用。但是，作为沿海省份的辽宁，因其特殊的地理位置，方便的海上运输条件，再加上优越的气候条件，在为国际贸易打开方便之门的同时，也为外来生物的入侵与繁殖带来便利条件。

1.1.2 地形地貌

辽宁省地势大体为北高南低，从陆地向海洋倾斜；山地丘陵分列于东西两侧，向中部平原倾斜。地貌划分为三大区：东部山地丘陵区、西部山地丘陵区、中部平原区。

东部山地丘陵区，为长白山脉向西南延伸的部分。这一地区以沈丹铁路为界，划分为东北部低山地区和辽东半岛丘陵区，面积约6.7万平方千米，占全省面积的46%。东北部低山区，为长白山支脉吉林哈达岭和龙岗山的延续部分，由南北两列平行的山地组成，海拔500～800米，最高山峰钢山位于抚顺市东部与吉林省交界处，海拔1 347米，为本省最高点。辽东半岛丘陵区，以千山山脉为骨干，北起本溪连山关，南至旅顺老铁山，长约340千米，构成了辽东半岛的脊梁，山峰大都在海拔500米以下。辽东半岛丘陵区内地形破碎，山丘直通海滨，海岸曲折，港湾很多，岛屿棋布，平原狭小，河流短促。

西部山地丘陵区，由东北向西南走向的努鲁儿虎山、松岭、大黑山、医巫闾山组成。山间形成河谷地带，大凌河、小凌河流经于此，山势从北向南由海拔1 000米向300米丘陵过渡，北部与内蒙古高原相接，南部形成海拔50米的狭长平原，与渤海相连，其间为辽西走廊。西部山地丘陵面积约为4.2万平方千米，占全省面积的29%。

中部平原区，由辽河、浑河和太子河及其30余条支流冲积而成，面积为3.7万平方千米，占全省面积的25%。地势从东北向西南由海拔250米向辽东湾逐渐倾斜。辽北低丘区与内蒙古接壤处有沙丘分布，辽南平原至辽东湾沿岸地势平坦，土壤肥沃，另有大面积沼泽洼地、漫滩和许多牛轭湖。

岩溶（喀斯特）地貌在辽宁省内也有分布，主要分布在辽东地区。

1.1.3 气候特征

辽宁省地处欧亚大陆东岸，属于温带大陆型季风气候区。境内雨热同季，日照丰富，积温较高，冬长夏暖，春秋季短，雨量不均，东湿西干。全省年太阳辐射总量在100～200卡*/厘米^{2}之间，年日照时数2 100～2 600小时。

全年平均气温为7～11℃，受季风气候影响，各地差异较大，自西南向东北，自平原向山区递减。年平均无霜期130～200天，一般无霜期均在150天以上。

辽宁省是东北地区降水量最多的省份，年降水量为600～1 100毫米。东部山地丘陵区局部年降水量为1 100毫米以上；西部山地丘陵区与内蒙古高原相连，年降水量为400毫米左右，是全省降水最少的地区；中部平原降水量居中，年平均为600毫米左右。

1.1.4 水资源

辽宁省地处太平洋西北岸，由于地形、气候的影响，省境内河流分布众多，现有大小河流300余条，流域面积大于1 000平方千米、不足5 000平方千米的河流有31条，流域面积在5 000平方千米以上的有17条。主要流域有辽河流域、鸭绿江流域、大凌河流域。主要河流有辽河、鸭绿江（中朝界河）、大凌河、太子河、浑河、绕阳河等。

---

* 卡，非法定计量单位，1卡＝4.187焦耳。——编者注

1.1.5　土壤

根据第二次土壤普查结果，全省共有土类19种，土种253种，土类数占全国的40%。平均土壤有机质含量为1.3%～1.49%，次于黑龙江和西藏等少数省份，相当于长江下游地区水平。有机质大于3%的面积占20.8%；有机质为1%～3%的面积占51%；有机质小于1%的面积占28.2%。棕壤、草甸土、潮棕土、水稻土等肥力较高的土类，约占总面积的60%。褐土、风沙土、盐碱土、沼泽土、石质土等低肥力土类约占总面积的20%。

土壤较为肥沃也为外来物种提供了良好的生长繁殖条件，并且一些外来植物，例如豚草的大量生长和繁殖，影响了该地区本地种的生长，并且对部分人群健康产生威胁。

1.1.6　矿产资源

截至2009年底，在辽宁省境内共发现各类矿产资源110多种，全省有探明储量并纳入《辽宁省矿产储量表》的矿产共70种；固体燃料矿产3种；非金属矿产42种。辽宁省矿产地668处，各类矿山企业6 000余个。辽宁省矿产储量潜在价值为1.06万亿元（不含石油、天然气、煤成气、铀、地热、地下水、矿泉水、玉石和含钾岩石等矿产）。保有储量在全国居首位的矿产有铁矿、红柱石、菱镁矿、熔剂灰岩、硼矿、金刚石、透闪石7种；居第二位的矿产有玉石、滑石、玻璃用石英岩；居第三位的矿产有油页岩、饰面用辉长岩、珍珠岩；居前五位的矿产还有石油、锰、冶金用石英岩、冶金用白云岩、冶金用砂岩、硅灰石、水泥配料页岩、水泥大理岩等。此外，天然气保有储量居全国的第七位，钼矿、耐火砖土保有储量居全国的第八位。

1.1.7　海洋资源

辽宁是全国重要沿海省市之一，横跨黄海、渤海两个海域，陆岸线长2 178千米，占全国海岸长的12%。辽宁省海域气候宜人，地理位置优越，海洋资源丰富，沿海城市发达，具有宝贵的地理优势。

（1）海洋生物资源

辽宁省沿海有30多条较大河流分别注入黄海、渤海，带来大量有机质及泥沙，水质肥沃，是各种海洋生物繁殖、生长的良好场所，所以水产资源丰富。辽宁近海水域和海岸带出现的海洋生物多达800多种。其中：海洋浮游生物超过107种，主要分布在渤海辽东湾和黄海北部；海洋底栖生物281种，包括动物213种、植物68种；潮下带栖息的生物147种；潮间带栖息的生物134种；海洋游泳生物137种，其中脊椎动物鱼类117种。此外，辽宁海洋生物资源中人工养殖种类亦较多，养殖产量、产值逐年增加。水产养殖种类主要有贻贝、扇贝、海带、裙带菜和紫菜，以及海珍品如对虾、海参、鲍鱼等。

（2）海洋矿产资源

据勘探，辽宁近海水域海底石油、天然气和滨海砂矿开发前景良好。近海石油主要分布在辽东湾，其北端与陆上辽河油田丰富的含油气区相连。按体积法推算为7.5×10^8吨，按有效生油岩对比法推算为6.3×10^8吨。辽宁省沿海有许多地方蕴藏着丰富的滨海砂矿，主要品种有金刚石、锆英石、独居石、石英砂，还有建筑用砂、砾石和卵石。其中，瓦房店市头道沟村的金刚石储量达 1.5×10^6 吨，占全国半数以上，居首位；熊岳仙人岛沉积型锆英石储量居全国前 10 位。

（3）海洋能资源

据估算，辽宁海洋能蕴藏量约 7×10^6 千瓦，约占全国海洋能蕴藏量的 0.67%。其中潮汐能约 1.9×10^6 千瓦，波浪能约为 1.5×10^6 千瓦，海流能约为 1×10^6 千瓦，盐度差能约为 1×10^6 千瓦。辽宁省曾经于 1953 年对沿海潮汐能资源做过普查和规划。1979 年又在此基础上，对可能装机容量大于 500 千瓦以上的站点共 49 处，进行了复勘普查，选定可能开发的潮汐资源站点 27 处，理论蕴藏量为 1.9×10^6 千瓦，理论潮汐能为 57.7×10^8 千瓦·时，可能开发的装机容量为 5.9×10^5 千瓦，可能开发的潮汐能为 16.1×10^8 千瓦·时。

（4）海水资源

辽宁从海水资源开发出的主要产品有：海盐、氯化钾、溴、无水硫酸钠、氯化镁、粉碎洗涤盐、精盐、硫酸镁等。海盐产区分布在大连、营口、丹东和锦州 4 个市。海盐总产量居全国前列，海盐产品产值占海水资源产品总产值的 8% 以上。

（5）海洋空间资源

辽宁海洋空间资源开发利用，主要指海洋运输、港口建设和滨海旅游等。辽宁沿海有40 余处优良港湾，有的已经辟为港口，如大连港、营口港、丹东港、鲅鱼圈港等。大连港是东北第一大港，2010 年国内编制发布的"全球国际航运中心竞争力指数"中，大连港排名第 18 位，在入围的中国港口中位列第 4 名，仅次于香港、上海、天津，成为中国北方集装箱枢纽港，全国最大的粮食转运港，重要的液体化工产品和煤炭、钢铁运输基地。辽宁沿海海岸线上，不仅分布着港口、工业和水产业基地，而且有着大连、营口、葫芦岛等美丽的海滨城市，适宜发展旅游事业。全省有海岛 506 个，有的已被开发为旅游风景游览区。辽宁依托沿海城市，开发建设了辽南、辽西、辽东等各具特色的众多海滨旅游景点和海滨浴场，使沿海旅游及其相关产业得到了迅速发展。

1.2 植被与生物多样性特点

1.2.1 植被

辽宁省植被类型多样，主要有温带针阔叶混交林及落叶林类型、暖温带松栎林及栎林类型、温带暖温带半湿润农业植被类型、沿河滨海植被类型和沙地植被类型。各种植被类型主要分布在努鲁儿山脉以东地区，纵跨 5 个半纬度，南北热量差异较大，以温度为主导因素引起植被在南北方向上的差异。

辽宁东北部的中低山地为温带针阔叶混交林型，辽东半岛、辽宁中部和辽西大部为落叶阔叶林及暖温带落叶阔叶林型。

全省森林覆盖率为 31.84%。植被质量总体上东优西劣。东部山区以森林为主要覆盖，涵养水源约 120 亿立方米，森林覆盖率超过 60%；西部低山丘陵区以林草为主要覆盖，约控制 200 万公顷水土流失面积，森林覆盖率平均为 30%。辽宁植被的上述过渡性和混杂性特征，为外来物种的入侵和繁殖提供了更为优越的条件，使得外来物种的入侵种类更加复杂，一些来自暖温带、温带、亚热带各种区系的外来物种都可以在辽宁找到适宜的生境。

1.2.2　生物多样性

第一，物种丰富、区系成分复杂。据调查统计，辽宁省共有野生动物575种，其中鱼类51种，占8.87%，分属于14科39属；两栖动物13种，占2.26%，分属于4科9属；爬行动物20种，占3.48%，隶属于7科13属；鸟类435种，占75.65%，隶属于73科203属；兽类56种，占9.74%，隶属于19科44属。辽宁省范围内共有野生维管束植物（包括入侵种和逸生种）1 793种，隶属于151科714属，其中蕨类植物82种，隶属于24科37属；裸子植物38种，隶属于6科12属；被子植物1 673种，隶属于121科665属。动物植物区系的过渡性明显，以变异成分为主，与古老成分交融。温带成分与热带成分明显。

第二，珍稀、濒危和特有品种多。辽宁省受威胁物种共245种。其中受威胁的植物共95种。国家一级保护植物5种，裸子植物4种、藻类植物1种，分属于4科4属；二级保护植物11种，其中被子植物10种，裸子植物1种，分别属于10科11属。根据中国植物红皮书，世界自然保护联盟（IUCN）濒危等级划分，极危植物3种，其中1种为裸子植物，2种为被子植物，分属于3科3属；濒危植物9种，其中裸子植物2种，被子植物7种，分属于9科9属；易危植物31种，其中裸子植物5种，被子植物26种，分属于16科24属；近危植物32种，其中裸子植物7种，被子植物25种，分属于7科28属；被收录入《濒危野生动植物种国际贸易公约》（CITES）附录II的共39种植物，其中1种裸子植物，38种被子植物，分属于4科24属。银杏、东北红豆杉、长白松为国家一级保护植物。

辽宁省范围内受威胁动物共有150种，国家一级保护动物16种，14种为鸟类，2种为兽类；二级保护动物66种，1种爬行动物，60种为鸟类，5种兽类；极危种类4种，1种爬行动物，1种鸟类，2种兽类；濒危种类7种，4种为鸟类，3种为兽类；易危种类44种，11种鱼类，22种鸟类，11种兽类。列入CITES附录I的有18种，1种爬行动物，12种鸟类，5种兽类；列入CITES附录II的有57种，54种为鸟类，3种为兽类。

辽宁省内共有中国特有动物24种，其中鱼类12种，两栖动物1种，爬行动物5种，鸟类2种，兽类4种。

辽宁范围内中国特有植物共268种，隶属于67科163属。其中，蕨类植物14种，裸子植物11种，被子植物243种。

第三，生态系统类型较多，结构复杂。辽宁省生态系统类型种类多，结构复杂，按群系划分，辽宁省范围内共有95个群系，自然生态系统丰富度为69.35（不包括种植类型），44个植被类型，10个植被型组合。针叶林8种，针阔混合林3种，阔叶林31种，灌丛与灌草丛30种，草原与草甸16种，沼泽＋水＋植被4种。东部山区自然恢复力强，西部丘陵与北部沙地自然恢复力弱。辽宁省东有长白山余脉及千山山脉，西有努鲁尔虎山脉，地形大势由东、西向中部倾斜，起伏较大，地貌有山地、丘陵、平原，形成了多种多样的局地气候和土壤条件，因而出现了繁多而复杂的生境，短距离内分布着多种生态系统，汇集着大量物种。

2 辽宁省农业野生资源保护工作历程

2.1 法制机构建设

1996年，国务院发布了《中华人民共和国野生植物保护条例》。2002年，农业部颁布了《农业野生植物保护办法》（2002年9月6日农业部令第21号公布，2004年7月1日农业部令第38号、2013年12月31日农业部令2013年第5号修订），并成立了"农业野生植物保护领导小组"。1996年，辽宁省颁布实施了《辽宁省农业环境保护条例》。国家法律法规的颁布实施，明确了农业野生植物保护工作是新时期下农业部门的重要职责，也标志着农业野生植物保护工作逐步步入科学化、规范化和法制化轨道。

2005年，为贯彻《中华人民共和国野生植物保护条例》，切实加强辽宁省野生植物保护工作，辽宁省农村经济委员会成立了以主管农业环境保护工作的副主任为组长、省科技教育处处长为副组长，省政策法规处、办公室、计财处、种植业处、省种子管理局、省植物保护站、省农业环保站领导为成员的辽宁省农村经济委员会野生植物保护工作领导小组，领导小组办公室设在省农业环境保护监测站，并设立了辽宁省野生植物保护（农业部分）专家审定委员会。进一步完善了农业野生植物资源保护的专家支撑体系。

领导小组主要研究提出解决重大问题的对策以及原则意见；组织协调省内有关行业野生植物保护执法管理工作；组织制定《野生植物保护（农业部分）实施细则》；组织制定全委野生植物保护工作的计划、规划，研究提出辽宁省农村经济委员会野生植物保护工作的重大措施；指导全省各级农业部门野生植物保护执法管理工作等。领导小组办公室主要组织有关处站完成领导小组部署的各项工作；审核采集和进出口国家一级保护野生植物（农业部分）品种的申请及向农业农村部野生植物保护领导小组提出申请；审批采集和进出口国家二级、省级保护野生植物品种（农业部分）；负责保护野生植物日常管理工作。

2.2 物种调查普查

2005年以来，在农业部的统一部署下，将调查与普查纳入农业野生植物日常工作范畴，每年针对重点物种、重点区域进行调查，将文献调查和野外考察相结合，依托沈阳农业大学专家团队和全省农业环保系统开展年度普查和调查工作。近几年，在全省范围内开展了麻黄、甘草、黄蓍、百合属植物、兰科植物、野生大豆和野生猕猴桃等农业野生资源植物普查工作，摸清了其目前在辽宁省部分地区的分布情况。其中，麻黄主要分布于葫芦岛和阜新；甘草和黄耆主要分布于朝阳。百合属植物部分种主要分布于辽东地区，部分种全省均有分布；野生大豆分布于全省各地；兰科植物和野生猕猴桃主要分布于辽东、辽南山区，彰武和凌源也有少量分布。实施对农业野生植物的调查，分析其在辽宁省的分布区域、生境特点、储量等，为进一步开发利用资源奠定基础。

2004年，根据农业部部署，在丹东市专门开展了野生大豆资源普查、保护规划制定及资源环境监测工作，完成了丹东市野生大豆资源普查报告，建立了丹东市野生大豆资源及环境调查、监测档案。近年来完成了绥中珊瑚菜、新宾野大豆、彰武野生莲的调查与监测。

2.3　物种保护与项目建设

目前农业野生植物保护措施主要有3种方式：种质资源入国家种质资源库保存，农业野生植物原生境保护和活体植株异位保存。在农业农村部的统一部署下，农业资源环境保护系统主要推行"农业野生植物原生境保护建设为主，活体植株异位保存为辅"的保护措施。可见，农业野生植物保护的重要性不言而喻。

2002年，建立了辽宁省葫芦岛市野生珊瑚菜保护点，是农业部利用财政项目资金组织建设的第一批5个农业野生植物原生境保护点之一；2003年，建立了辽宁省新宾县野生大豆原生境保护示范点，成为辽宁省农业野生植物资源保护工作的一个重要里程碑。2005年起，农业部将农业野生植物原生境保护点（区）建设纳入了农业基本建设项目扶持范畴。到2018年底，辽宁省建立了农业野生植物原生境保护点4个，野生植物异位保护圃9个，保护物种包括猕猴桃、秋子梨、山楂、苹果、山杏、珊瑚菜、野生大豆、野生莲等。

2.3.1　辽宁省农业野生植物原生境保护点

目前，辽宁省农业野生植物保护点有4个，即辽宁省葫芦岛市野生珊瑚菜保护点、辽宁省新宾县野生大豆原生境保护点、辽宁省丹东市野生大豆原生境保护点、辽宁省彰武县野生莲原生境保护点。保护点总面积1.65平方千米，其中核心区面积0.44平方千米，缓冲区面积1.21平方千米。

2.3.2　辽宁省重点保护野生植物异位保存圃

辽宁省目前已建有9个重要野生植物资源圃，分别为辽宁东北野菜种质异位保存圃与鉴定中心（沈阳，2010）、国家果树种质沈阳山楂资源圃（沈阳，1994）、东北野生猕猴桃资源异位保存圃（沈阳）、山杏种质资源圃（朝阳北票）、草莓种质资源圃（丹东东港）、树莓系列品种种质资源圃（沈阳）、旱生植物种质资源圃（朝阳喀左）、国家果树种质资源熊岳李杏圃（营口熊岳）、国家果树种质兴城梨苹果圃（葫芦岛兴城）。

2.4 监测与管护

地方农业野生植物资源保护机构应对每个原生境保护点进行跟踪预警监测评估，及时采取有效措施确保原生境保护点的目标物种良好生长，应纳入到各级农业资源环境保护部门的日常工作。在农业农村部统一部署下，近年来，辽宁省依托沈阳农业大学专家团队，针对已建的保护点，开展了预警监测和评估工作。

2.4.1 原生境保护点建设成效

原生境保护点项目的开展，切实保护了农业野生植物资源。通过调查，全省已建成的保护点管理责任明确，制度健全，管护工作基本实现了制度化，运行保障基本实现了标准化。调查还发现各个保护点都按照野生植物技术规范建设了管护用房、围栏、标志牌等设施，各保护点均实行封闭管理，指定专职人员对保护点进行保护和管理工作，使各个保护点的目标物种得到了有效保护，管护工作真正落到了实处。从历年的监测结果可以看出，保护点各目标物种的密度和丰富度都略有增加，受保护物种繁育、生长正常。

原生境保护点项目的开展，起到了宣传教育的作用，提升了基层群众和干部的保护意识。保护点建设前，绝大多数的干部群众甚至不知道野生植物及其保护的意义。保护点建设后，通过各种教育培训活动及宣传标语等，使得一部分的干部和群众认识了农业野生植物，了解了其保护价值，提升了保护意识。

2.4.2 管护问题

（1）保护管理资金缺乏，且缺乏后续资金。由于资金不足，各保护点的管护力度不够，导致保护点周边的居民和牲畜破坏目标物种的事件时有发生。

（2）经济建设导致保护点目标物种的生境被破坏。各保护点周边地区，由于发展经济修建道路、发展旅游业以及养殖业，使各保护点受到了潜在的威胁，也严重影响了目标物种的生长。

（3）人为干扰因素影响大。辽宁省有3个野生植物原生境保护点靠近村镇，牛羊等牲畜啃食践踏、农民垦荒种植农作物对保护目标物种造成了一定的威胁。辽宁省有4个野生植物原生境保护点，除了野生莲保护点刚建成外，其余3个点都已建成10多年，基础设施老化，受外界自然环境及人为干扰因素影响较大。

（4）保护点目标物种的原生境变化较大，目标物种的生长严重受限。由于长期封闭管理，保护点内的野生植物受到保护，但伴生植物也随之增加，长势非常好。例如，林下弱光，这种环境不利于野大豆的生长，大部分林下没有野大豆的分布，由此导致某些地区的伴生植物种群密度超过目标植物，严重影响保护对象的生长。

（5）外来物种的威胁。野生植物原生境保护点发现外来植物三裂叶豚草等，这些外来种如果在保护点肆意生长，将会挤压目标物种的生存空间。

针对上述问题，应争取资金投入，建立监测预警体系，加强日常养护和管理，清除保护点的杂草和外来物种，对于管护设施遭受破坏的保护点，督促破损严重区域按照《农业野生植物原生境保护点建设技术规范》（NY/T 1668—2008）的要求，重新修复、建设相关设施。同时，应加强基础科学研究和合理利用研究，为农业野生植物的保护和利用提供依据。保护农业野生植物是为了更好地利用，不能只保护不开发利用，应把野生植物资源保护与农作物育种紧密结合起来，发掘农业野生植物资源优良基因的应用价值，实现野生植物保护点的经济价值和社会价值。建议有关科研部门加强保护点内的野生大豆、珊瑚菜和野生莲种质保存，并以珊瑚菜保护点内的珊瑚菜为种源，加强人工培育。此外，彰武县野生莲保护点为东北地区最大的野生莲种群，建议农业农村部指定科研部门采集部分种源，进行长期保存，并加强对保护点内睡莲的管理，防止与野生莲进行杂交。还应加大保护管理、执法检查和生态文明教育力度，不断提高全社会的保护意识和生态道德水平，严厉打击人为无序采摘、破坏农业野生植物的行为。同时，开展宣传教育活动，通过广播、电视、报纸、宣传资料、画册、学校、网络等多种方式和手段，扩大宣传力度，做到家喻户晓、自觉遵守。

3 辽宁省重点保护农业野生资源种类

3.1 念珠藻科

发状念珠藻

科名：念珠藻科 Nostocaceae
属名：念珠藻属 *Nostoc*
学名：*Nostoc flagelliforme* Born. et Flah.
别名：发菜、地毛、旃毛菜、地毛菜、仙菜、净池菜、龙须菜、头发藻

保护级别及保护现状：国家 I 级 *。无保护。

资源利用现状：西北地区采集野生藻体后，包装为商品"发菜"或"龙须菜"。

形态特征：属于原核生物。藻体毛发状，干后呈棕黑色。藻体绕结成藻团，最大藻团直径达 0.5 米。藻体内的藻丝直或弯曲，许多藻丝几乎纵向平行排列在厚而有明显层理的胶质被内；单一藻丝的胶鞘薄而不明显，无色。细胞球形或略呈长球形，内含物呈蓝绿色。异形胞端生或间生，球形，直径为 5 ~ 6 微米。

生境：生于山坡、沟壑和草原等地的潮湿土表、岩石上或植物茎叶间。

分布：朝阳建平有少量分布。

用途：人工栽培发菜可食用。

---

* 国家 I 级，指国家 I 级重点保护野生植物。

3.2　瓶尔小草科

狭叶瓶尔小草

科名：瓶尔小草科 Ophioglossaceae
属名：瓶尔小草属 *Ophioglossum*
学名：*Ophioglossum thermale* Kom.
别名：一叶草、独叶草、金剑草、矛盾草、蛇须草等

保护级别及保护现状：辽宁省Ⅱ级 *。目前分布极少，没有保护。
资源利用现状：民间作为草药用，分布范围日益缩减，数量渐少。
形态特征：叶通常单生，深埋土中，营养叶从总柄基部上部生出，卵形或椭圆形，先端钝或稍急尖，基部短楔形，下延，无柄，全缘，肉质，网状脉明显。孢子囊穗自总柄顶端发出，窄条形，顶端有小突尖。孢子囊排成2列，无柄，枝裂，无盖，孢子球形、四面形。
生境：生于林下和山坡阴凉稍潮湿处。
分布：桓仁满族自治县、宽甸满族自治县有分布。
用途：民间作为清热解毒、治蛇咬伤、疗疮、肿毒的草药用。

---

　　* 辽宁省重点保护的野生珍稀植物物种分为三种：Ⅰ级，中国特有并具有极为重要的科研、经济或文化价值的濒临灭绝状态的植物物种；Ⅱ级，分布范围逐渐缩减，种群处于衰竭状态，成熟植株明显减少，具有重要科研或经济价值的植物物种；Ⅲ级，分布范围狭小，生存环境特殊，具有科研或经济价值的稀有植物物种。

3.3 鳞毛蕨科

全缘贯众

科名：鳞毛蕨科 Dryopteridaceae
属名：贯众属 *Cyrtomium*
学名：*Cyrtomium falcatum* (L.F.) Presl
别名：黑狗脊

保护级别及保护现状：辽宁省Ⅲ级。

资源利用现状：种群数量渐少。

形态特征：叶簇生，腹面有浅纵沟，下部密生卵形、棕色、有时中间带黑棕色的鳞片，鳞片边缘流苏状，向上秃净；叶片宽，披针形，先端急尖，基部略变狭，奇数一回羽状；具羽状脉，小脉结成3～4行网眼，腹面不明显，背面微凸起；顶生羽片卵状披针形，二叉或三叉状。叶为革质，两面光滑；叶轴腹面有浅纵沟，有披针形、边缘有齿的棕色鳞片或秃净。孢子囊群遍布羽片背面；囊群盖圆形，盾状，边缘有小齿缺。

生境：生于沿海山石，海边岩石缝及岛屿疏林下，尤其多见于海边潮线以上岩石。

分布：大连长海等沿海岛屿有分布。

用途：根状茎有清热解毒、驱虫、止血等功效。

3.4　骨碎补科

骨碎补

科名：骨碎补科 Davalliaceae
属名：骨碎补属 *Davallia*
学名：*Davallia trichomanoides* Blume
别名：崖姜、岩连姜、爬岩姜、肉碎补、石碎补

保护级别及保护现状：国家Ⅱ级。

资源利用现状：根茎作为"海州骨碎补"入药。全年均可采挖，除去泥沙，干燥，或再燎去茸毛（鳞片）。目前辽宁尚无栽培种，由于经济开发，生境受到破坏，种群数量渐少。

形态特征：根状茎长而横走，密被蓬松的灰棕色鳞片。叶柄带棕色，有浅纵沟，基部被鳞片，向上光滑；叶片五角形，先端渐尖，基部浅心脏形，四回羽裂；羽片有短柄，斜展，基部一对最大，三角形。孢子囊群生于小脉顶端，每裂片有1枚；囊群盖管状，先端截形，不达钝齿的弯缺处，外侧有一尖角，褐色，厚膜质。

生境：生于海拔500～700米的山地林中树干上或岩石上。

分布：大连蔡大岭、老虎滩有分布。

用途：根茎有除风湿、强筋骨、活血止痛作用。

3.5 银杏科

银杏（栽培种）

科名：银杏科 Ginkgoaceae
属名：银杏属 *Ginkgo*
学名：*Ginkgo biloba* L.
别名：白果、公孙树、鸭脚树

保护级别及保护现状：国家Ⅱ级。

资源利用现状：辽宁银杏均为栽培种，以丹东、大连栽培历史最为悠久，为栽培银杏中较耐寒冷种质资源。目前通过播种繁殖、扦插育苗、嫁接育苗等方法可大规模种植与栽培。

形态特征：落叶大乔木，幼树树皮近平滑，浅灰色，大树树皮灰褐色，不规则纵裂，粗糙。叶互生，叶柄细长。球花雌雄异株，雄球花柔荑花序状，下垂；雌球花具长梗，梗端常分两叉，每叉顶生一盘状珠座，其上生有胚珠。种子具长梗，下垂，常为椭圆形。种皮肉质，被白粉，外种皮肉质，熟时黄色或橙黄色，外被白粉，有臭味；中种皮白色，骨质；内种皮膜质，淡红褐色；胚乳肉质。

生境：喜光，对土壤要求不高，在pH4.5～8的土壤中均可生长，不耐水淹。

分布：辽宁各地均有栽培。

用途：主要用于园林绿化，为行道、公路、田间林网、防风林带常见栽培树种；其木材称"银香木"或"银木"可做家具或印章。种仁作为"白果"入药，也可少量食用。

3.6 松科

红松

科名：松科 Pinaceae
属名：松属 *Pinus*
学名：*Pinus koraiensis* Sieb. et Zucc.
别名：海松、果松、韩松、红果松、朝鲜松

保护级别及保护现状：国家 II 级。

资源利用现状：辽宁红松原始林很少，有一定面积的次生母林，人工林面积较大，可利用资源充足。

形态特征：成年树树皮灰褐色或灰色，纵裂成不规则的长方形鳞状块片，裂片脱落后露出红褐色的内皮。一年生枝密被黄褐色或红褐色柔毛。针叶，5 针一束。雄球花椭圆状圆柱形，红黄色；雌球花绿褐色，直立，单生或数个集生于新枝近顶端。球果圆锥状卵圆形、圆锥状长卵圆形或卵状矩圆形，成熟后种鳞不张开，种子不脱落。种鳞菱形，向外反曲；种子大，倒卵状三角形，微扁。

生境：喜光，在温寒多雨、相对湿度较高的气候条件下，于深厚肥沃、排水良好的酸性棕色森林土上生长良好。

　　分布：铁岭、西丰、抚顺、新宾、桓仁、宽甸、凤城、庄河、岫岩、海城等地均有分布。

　　用途：主要造林树种，也可作为观赏树。木材轻软、细致、纹理直、耐腐蚀性强，为优质用材；树皮可提取栲胶，树干可采松脂；种子供食用、药用及工业用。

3.7 杉科

水杉（栽培种）

科名：杉科 Taxodiaceae
属名：水杉属 *Metasequoia*
学名：*Metasequoia glyptostroboides* Hu et Cheng
别名：活化石、梳子杉

保护级别及保护现状：国家 I 级。

资源利用现状：仅在辽宁中部极小范围有栽培，冬天幼枝容易受冻害。

形态特征：乔木，树干基部常膨大；树皮灰色、灰褐色或暗灰色，幼树裂成薄片脱落，大树裂成长条状脱落，内皮淡紫褐色；枝斜展，小枝下垂。叶条形，上面淡绿色，下面色较淡，沿中脉有两条较边带稍宽的淡黄色气孔带，叶在侧生小枝上排列成二列。

生境：喜温暖湿润、夏季凉爽、冬季有雪而不严寒的气候，喜光，不耐贫瘠和干旱。

分布：沈阳、大连、鞍山、本溪有栽培。

用途：主要作为园林观赏植物。

3.8 柏科

3.8.1 杜松

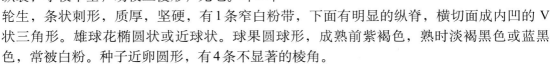

科名：柏科 Cupressaceae
属名：刺柏属 *Juniperus*
学名：*Juniperus rigida* Sieb. et Zucc.
别名：刚桧、崩松、棒儿松

保护级别及保护现状：辽宁省Ⅲ级。

资源利用现状：野生种群渐少，辽宁各地广泛栽培。

形态特征：灌木或小乔木。枝皮褐灰色，纵裂；小枝下垂，幼枝三棱形，无毛。叶3叶轮生，条状刺形，质厚，坚硬，有1条窄白粉带，下面有明显的纵脊，横切面成内凹的Ｖ状三角形。雄球花椭圆状或近球状。球果圆球形，成熟前紫褐色，熟时淡褐黑色或蓝黑色，常被白粉。种子近卵圆形，有4条不显著的棱角。

生境：强阳性树种，耐阴，耐干旱，耐严寒，喜冷凉气候，耐干旱瘠薄。

分布：开原、抚顺、本溪、宽甸、桓仁、普兰店、岫岩、营口、凤城均有分布。

用途：园林绿化，木材可做工艺品、雕刻品等；球果含挥发油，可药用，有发汗、利尿、镇痛作用。种仁含有特殊香气，金酒（琴酒）香味即源于此。

3.8.2　朝鲜崖柏

科名：柏科 Cupressaceae
属名：崖柏属 *Thuja*
学名：*Thuja koraiensis* Nakai
别名：长白侧柏

保护级别及保护现状：国家Ⅱ级。
资源利用现状：辽宁资源极少，仅宽甸有少数种群。
形态特征：常绿小乔木；幼树树皮红褐色，平滑，老树树皮灰褐色，条片状纵裂。叶鳞形、二型，交互对生，侧边的叶船形，折覆着中央之叶的侧边及下部，先端内曲，背部有脊。雌雄同株，球花单生侧枝顶端；种鳞交对互生，薄木质，扁平，背面近顶端有凸起的尖头；种子椭圆形，扁平，周围有窄翅，上下两端有凹缺。

生境：喜生于空气湿润、腐殖质多的肥沃土壤中，多见于山谷、山坡或山脊，裸露的岩石缝中也有生长。

分布：辽宁仅宽甸有分布。

用途：朝鲜崖柏只分布于中国长白山地区和朝鲜，对研究植物地理和植物区系都具有科学价值；树形美观，可作为园林绿化植物；木材坚实耐用；叶可提取芳香油或作为制线香的原料。

3.9 红豆杉科

东北红豆杉

科名：红豆杉科 Taxaceae
属名：红豆杉属 *Taxus*
学名：*Taxus cuspidata* Sieb. et Zucc.
别名：紫杉、赤柏松、宽叶紫杉、日本紫杉

保护级别及保护现状：辽宁省Ⅱ级。

资源利用现状：辽宁野生种群较少，在分布地呈零星分布，树龄最长的生长在本溪县。辽宁东部地区用种子或扦插苗繁殖，另辽宁地区普遍栽培有其变种矮紫杉（*Taxus cuspidata* 'Nana'）。

形态特征：乔木；树皮红褐色，有浅裂纹；枝条平展或斜上直立，密生；小枝基部有宿存芽鳞，芽鳞先端渐尖，背面有纵脊。叶排成不规则的二列，斜上伸展，基部窄，有短柄，先端通常凸尖，中脉带上无角质乳头状突起点。假种皮红色，种子紫红色，有光泽，卵圆形。

生境：生于海拔500 ～ 1 000米林中，分布于红松为主的针阔混交林内，常与鱼鳞云杉、臭冷杉、黄桦、色木槭等混生。

分布：宽甸、桓仁、本溪等县有分布。

用途：常用于园林绿化；全株可提取紫杉醇。

3.10 胡桃科

胡桃楸

科名：胡桃科 Juglandaceae
属名：胡桃属 *Juglans*
学名：*Juglans mandshurica* Maxim.
别名：核桃楸、楸子、山核桃

保护级别及保护现状：国家II级。

资源利用现状：由于过量砍伐森林，现存大树已很稀少，次生林中分布较多。辽宁各地有人工栽培种。

形态特征：乔木；树皮灰色，具浅纵裂。奇数羽状复叶，小叶9～17，叶痕呈"猴脸"形。雄性柔荑花序；雌性穗状花序具4～10雌花。果实球状、卵状或椭圆状，顶端尖；果核表面具8条纵棱，棱间具不规则皱曲及凹穴。

生境：喜冷凉干燥气候，耐寒，能耐－40℃严寒。常生于海拔400～1 000米的中、下部山坡和向阳的沟谷。

分布：广泛分布于辽宁东部各县，彰武和凌源也有分布。

用途：可用于园林绿化；木材为优质用材；种仁、青果和树皮可入药。

3.11 杨柳科

钻天柳

科名：杨柳科 Salicaceae
属名：钻天柳属 *Chosenia*
学名：*Chosenia arbutifolia* (Pall.) A.K.Skv.
别名：朝鲜柳、红毛柳、红梢柳

保护级别及保护现状： 国家Ⅱ级。

资源利用现状： 由于森林过度砍伐与环境污染等原因，钻天柳在有的地区已经绝迹，其种群数量日益缩减，目前极少有人工栽培种。

形态特征： 落叶乔木；老树干黑褐色，粗糙深纵裂。小主枝干梢被明显白粉。芽扁卵圆形，有一枚鳞片。叶长圆状披针形至披针形，叶面看似有一层白粉而非白粉，明亮，新叶粉红或绿白色。花序先叶开放；雄花序开放时下垂，花药球形，黄色，雌花序直立或斜展。

生境： 生于海拔300～950米的河岸边（两岸排水良好的碎石沙土上），喜光，抗寒。

分布： 宽甸、桓仁、西丰、凤城、彰武等县有分布。

用途： 木材供建筑用，制作家具，造纸等；树冠优美，为优良的观赏和绿化树种。

3.12 榆科

3.12.1 裂叶榆

科名：榆科 Ulmaceae
属名：榆属 *Ulmus* L.
学名：*Ulmus laciniata* (Trautv.) Mayr.
别名：青榆、麻榆、大叶榆、尖尖榆

保护级别及保护现状：辽宁省Ⅲ级。

资源利用现状：由于森林砍伐，野生大树较少，中小树较多，种群量渐少。目前辽宁尚无引种栽培。

形态特征：落叶乔木；树皮浅纵裂，裂片较短，常翘起，表面常呈薄片状剥落。叶倒卵形，先端通常 3 ～ 7 裂，裂片三角形，渐尖或尾状，叶面密生硬毛，粗糙。翅果椭圆形，果核部分位于翅果的中部或稍向下。

生境：混生于海拔 700 ～ 2 200 米排水良好、湿润的山坡、谷地、溪边林内；适应性强，耐盐碱，耐寒，喜光。

分布：沈阳、鞍山、本溪、桓仁、宽甸、凤城、庄河、岫岩、凌源、建平等市县有分布。

用途：木材具有美丽的色彩和纹理，可供家具、车辆、器具、造船及室内装修等用材；植株可用于园林绿化；果实可用于杀虫。

3.12.2　青檀

科名：榆科 Ulmaceae
属名：青檀属 *Pteroceltis*
学名：*Pteroceltis tatarinowii* Maxim.
别名：翼朴、檀树、摇钱树

保护级别及保护现状：辽宁省Ⅲ级。

资源利用现状：为中国特有的单种属，在辽宁仅大连旅顺蛇岛有少量植株存在，未见人工栽培。

形态特征：乔木；树皮灰色或深灰色，不规则地长片状剥落；小枝皮孔明显，椭圆形或近圆形。叶纸质，宽卵形至长卵形，基部3出脉，侧出的一对径直伸达叶的上部。翅果状坚果近圆形或近四方形，翅宽，有放射线条纹，顶端有凹缺。

生境：常生于海拔100～1 500米的山谷溪边、石灰岩山地疏林中，喜生于石灰岩山地。

分布：辽宁仅分布于大连旅顺蛇岛。

用途：茎皮、枝皮纤维为制造宣纸的优质原料；可作为石灰岩山地的造林树种；种子可榨油；青檀寿命长，耐修剪，可作为盆景植物使用。

3.13 蓼科

虎杖

科名：蓼科 Polygonaceae
属名：虎杖属 *Reynoutria*
学名：*Reynoutria japonica* Houtt.
别名：花斑竹、酸筒杆、酸汤梗、斑杖根、黄地榆

保护级别及保护现状：辽宁省Ⅲ级。

资源利用现状：未利用。

形态特征：灌木状宿根草本。株高40～120厘米，叶互生，卵形或阔卵形。雌雄异株，夏、秋季开花，圆锥花序，顶生或腋生，红色或粉红色。

生境：多生于山沟、溪边、林下阴湿处。

分布：辽宁仅在凤城五龙山发现过几株，历史记载中长海有分布，但一直未采集到标本。

用途：观赏与药用。

3.14　商陆科

商陆

科名：商陆科 Phytolaccaceae
属名：商陆属 *Phytolacca*
学名：*Phytolacca acinosa* Roxb.
别名：章柳、山萝卜、见肿消、倒水莲、金七娘、猪母耳、白母鸡

保护级别及保护现状：辽宁省Ⅲ级。

资源利用现状：未利用。

形态特征：多年生草本。根肥大，肉质。茎直立，圆柱形，有纵沟，肉质，绿色或红紫色，多分枝。叶薄纸质，近椭圆形，两面散生细小白色斑点。总状花序顶生或与叶对生，密生多花；花两性。果序直立；浆果扁球形，熟时黑色。种子肾形，黑色，具3棱。

生境：常生于山脚、林间、路旁及房前屋后，平原、丘陵及山地均有分布。

分布：大连、丹东、本溪等地有分布。

用途：根可入药，也可制作兽药及农药；果实可提制栲胶；全株可作为绿肥使用；可富集锰用于修复重金属污染的土壤。

3.15 木兰科

3.15.1 厚朴

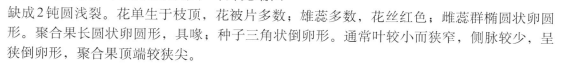

科名：木兰科 Magnoliaceae
属名：厚朴属 *Houpoea*
学名：*Houpoea officinalis*（Rehd. et Wils.）N. H. Xia et C. Y. Wu
别名：凹叶厚朴

保护级别及保护现状：国家Ⅱ级。
资源利用现状：未利用。
形态特征：落叶乔木；树皮厚，褐色。叶大，近革质，长圆状倒卵形，叶片先端凹缺成2钝圆浅裂。花单生于枝顶，花被片多数；雄蕊多数，花丝红色；雌蕊群椭圆状卵圆形。聚合果长圆状卵圆形，具喙；种子三角状倒卵形。通常叶较小而狭窄，侧脉较少，呈狭倒卵形，聚合果顶端较狭尖。
生境：喜凉爽湿润气候。
分布：仅丹东有分布。
用途：为优质材用树种；种子含油量高；可作为绿化观赏树种使用；树皮和根皮作为"厚朴"入药。

3.15.2　鹅掌楸（栽培种）

科名：木兰科 Magnoliaceae
属名：鹅掌楸属 *Liriodendron*
学名：*Liriodendron chinensis*（Hemsl.）
　　　Sarg.
别名：马褂木、双飘树

保护级别及保护现状：国家Ⅱ级。

资源利用现状：未利用。

形态特征：乔木；小枝灰色或灰褐色。叶马褂状，近基部每边具1侧裂片，先端具2浅裂，下面苍白色。花杯状，花被片萼片状，向外弯垂，花瓣状、倒卵形，具黄色纵条纹；花期时雌蕊群超出花被之上，心皮黄绿色。聚合果，具翅的小坚果顶端钝或钝尖，种子1～2。花期5月，果期9～10月。

生境：喜光及温和湿润气候，有一定的耐寒性，喜深厚肥沃、适湿而排水良好的酸性或微酸性土壤（pH为4.5～6.5），在干旱土地上生长不良，也忌低湿水涝。通常生于海拔900～1 000米的山地林中或林缘，呈星散分布，也有组成小片纯林的情况。

分布：沈阳、营口、大连有栽培。

用途：对古植物学、植物系统学有重要科研价值；为园林绿化优良树木；鹅掌楸叶和树皮入药，具抗菌作用，心材中的乙醇提取物同样具有抗菌作用；优质木材，可制作家具、作为建筑材料使用。

3.15.3　天女花

科名：木兰科 Magnoliaceae
属名：木兰属 *Oyama*
学名：*Oyama sieboldii* (K.Koch)N.H.Xia et C.Y.Wu
别名：小花木兰、天女木兰

保护级别及保护现状：辽宁省Ⅲ级。

资源利用现状：目前已作为观赏资源植物进行人工培育。

形态特征：落叶小乔木；当年生小枝细长，淡灰褐色，初被银灰色平伏长柔毛。叶膜质，倒卵形或宽倒卵形。花白色，杯状，盛开时碟状；雄蕊紫红色，两药室邻接，内向纵裂，顶端微凹或药隔平，不伸出；雌蕊群椭圆形，绿色。聚合果。种子心形，假种皮橘红色，外种皮深褐色，顶孔细小末端具尖。

生境：喜凉爽、湿润的环境和深厚、肥沃的土壤。适生于阴坡和湿润山谷。畏高温、干旱和碱性土壤。生于海拔 1 000 米以上的阴坡和山谷林中。

分布：辽东各县均分布，以本溪、丹东为多。

用途：花和叶可提取芳香油，花可制香浸膏；植株可以用于稀有木本花卉的嫁接、庭园观赏；木材常用于制器具及雕刻。

3.16　樟科

三桠乌药

科名：樟科 Lauraceae
属名：山胡椒属 *Lindera*
学名：*Lindera obtusiloba* Bl.
别名：甘檀、红叶甘檀、山姜等

保护级别及保护现状：辽宁省Ⅲ级。

资源利用现状：未利用。

形态特征：落叶乔木或灌木；树皮黑棕色；小枝黄绿色。叶互生，近圆形至扁圆形。花芽内有总梗花序5～6，混合芽内有花芽1～2；总苞片4，长椭圆形，膜质；子房椭圆形，无毛，花柱短，花未开放时沿子房向下弯曲。果广椭圆形，成熟时红色，后变紫黑色，干时黑褐色。花期3～4月，果期8～9月。

生境：从北向南生于海拔20～3 000米的山谷、密林灌丛中。朝鲜、日本也有分布。本种为樟科分布的最北界（辽宁千山，约北纬41°），在南方生于高海拔地区，北方生于低海拔地区，是能适应较寒环境的广布种。它有能适应寒冷环境的器官构造。

分布：辽宁千山以南各县有分布，以庄河分布较多。

用途：可用于医药及轻工业原料；木材致密，可作为细木工用材；是野生油料、芳香油及药用树种。

3.17 毛茛科

3.17.1 辽吉侧金盏花

科名：毛茛科 Ranunculaceae

属名：侧金盏花属 *Adonis*

学名：*Adonis ramosa* Franchet

别名：冰凌花、侧金盏

保护级别及保护现状：辽宁省Ⅲ级。

资源利用现状：未利用。

形态特征：多年生草本。根状茎，茎无毛或顶部有稀疏短柔毛，下部或上部分枝。基部和下部叶鳞片状，卵形或披针形。叶片宽菱形，二至三回羽状全裂，末回裂片披针形或线状披针形，顶端锐尖。花单生于茎或枝的顶端；萼片约5，灰紫色，宽卵形、菱状宽卵形或宽菱形，顶端钝或圆形，全缘或上部边缘有1～2小齿，有短睫毛；花瓣黄色，长圆状倒披针形；花药长圆形；心皮近无毛。

生境：生于山坡阳处阔叶林下，海拔1 000米以上。

分布：辽宁东南部有分布。

用途：无。

3.17.2 丝叶唐松草

科名：毛茛科 Ranunculaceae
属名：唐松草属 *Thalictrum*
学名：*Thalictrum foeniculaceum* Bunge

保护级别及保护现状：辽宁省Ⅲ级。

资源利用现状：未利用。

形态特征：草本；植株全部无毛。基生叶2～6，为二至四回三出复叶；小叶薄革质，钻状狭线形或狭线形，顶端尖，边缘常反卷，中脉隆起；叶柄基部有短鞘。茎生叶2～4，似基生叶。聚伞花序伞房状；萼片4，椭圆形或狭倒卵形，花药长圆形，有短尖，花丝短，丝形；花柱短，腹面生柱头组织。瘦果纺锤形，有8～10条纵肋。

生境：生于海拔590～1 000米间干燥草坡、山脚沙地、多石砾处或平原草丛中。

分布：辽宁西部有分布。

用途：无。

3.18 防己科

木防己

科名：防己科 Menispermaceae
属名：木防己属 *Cocculus*
学名：*Cocculus orbiculatus* (L.) DC.
别名：土木香、牛木香、金锁匙、紫背
金锁匙、百解薯、青藤根

保护级别及保护现状：辽宁省III级。
资源利用现状：无。
形态特征：木质藤本；小枝被茸毛至疏柔毛，或有时近无毛，有条纹。叶片纸质至近革质，边全缘或3裂，有时掌状5裂，两面被密柔毛至疏柔毛；叶柄被稍密的白色柔毛。聚伞花序少花，腋生。核果近球形，红色至紫红色；果核骨质，背部有小横肋状雕纹。

生境：生于灌丛、村边、林缘等处。
分布：长海、庄河等地有分布。
用途：祛风止痛，行水清肿，解毒，降血压；用于风湿痹痛、神经痛、肾炎水肿、尿路感染；外治跌打损伤、蛇咬伤。

3.19 睡莲科

莲

科名：睡莲科 Nelumbonaceae

属名：莲属 *Nelumbo*

学名：*Nelumbo nucifera* Gaertn.

别名：莲花、荷花

保护级别及保护现状：国家Ⅱ级。

资源利用现状：辽宁中部有栽培。

形态特征：多年生草本植物；具横走根状茎。叶圆形，有长叶柄，具刺，成盾状生长。花单生于花梗顶端，萼片5，早落；花瓣多数为红色、粉红色或白色；多数为雄蕊；心皮多，离生，嵌生于海绵质的花托穴内。坚果呈椭圆形或卵形。

生境：喜温暖、极耐高温和较耐低温。

分布：新民、辽中、台安、彰武分布较多，其他各地有少量栽培。

用途：高级滋补营养品，滋补药膳食品。

3.20　马兜铃科

3.20.1　木通马兜铃

科名：马兜铃科 Aristolochiaceae
属名：马兜铃属 *Aristolochia*
学名：*Aristolochia manshuriensis* Kom.
别名：关木通、东北木通、木通

保护级别及保护现状： 辽宁省Ⅲ级。

资源利用现状： 无。

形态特征： 多年生缠绕性木质大型藤本植物，藤茎呈长圆柱形，稍扭曲，茎节部稍膨大。叶互生，叶片圆状心形，全缘。花单一，腋生于短枝上。果实6柱棱形。种子心状三角形，浅灰褐色，背面凸起，有小突起，腹部凹入，平滑无毛。

生境： 喜湿润、耐严寒，适宜中温带冬冷、夏热湿山地气候。

分布： 辽宁各地均有分布。

用途： 东北马兜铃干燥去皮藤茎入药称"关木通"，具有清心泻火，通淋，下乳通经的功效。因含有大量马兜铃酸类成分，长期或大量服用会引起肾衰竭，现已不用。

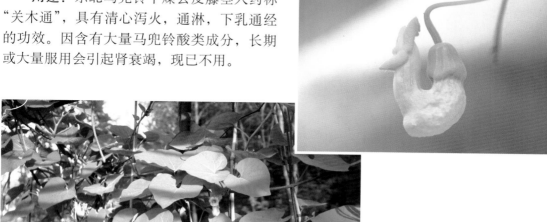

3.20.2　汉城细辛

科名：马兜铃科 Aristolochiaceae
属名：细辛属 *Asarum*
学名：*Asarum sieboldii* Miq.
别名：烟袋锅花

保护级别及保护现状：辽宁省Ⅲ级。

资源利用现状：辽东山区有少量引种栽培。

形态特征：多年生草本；根状茎直立或横走。叶通常2枚，叶片心形或卵状心形，先端渐尖或急尖，基部深心形，顶端圆形，花紫黑色；花被管钟状，内壁有疏离纵行脊皱；子房半下位或几近上位，球状，花柱6，较短，顶端2裂，柱头侧生。果近球状，棕黄色。

生境：生于林下及山沟湿地。

分布：丹东、宽甸、本溪、桓仁有分布。

用途：本种全草入药。复方制剂以及水煎剂对心血管疾病有明显疗效。

3.20.3 辽细辛

科名：马兜铃科 Aristolochiaceae
属名：细辛属 *Asarum*
学名：*Asarum heterotropoides* Fr.Schmidt var. *mandshuricum* (Maxim.) Kitag.
别名：万病草、细参、烟袋锅花、东北细辛

保护级别及保护现状：辽宁省Ⅲ级。

资源利用现状：作为药材人工栽培。

形态特征：多年生草本；根状茎横走。叶卵状心形或近肾形，先端急尖或钝，基部心形，顶端圆形，叶面在脉上有毛，有时被疏生短毛，叶背毛较密；芽苞叶近圆形，花紫棕色，稀紫绿色；花被管壶状或半球状，喉部稍缢缩，内壁有纵行脊皱，花被裂片三角状卵形，由基部向外反折，贴靠于花被管上；雄蕊着生于子房中部，花丝常较花药稍短，药隔不伸出；子房半下位或几近上位，近球形，花柱6，顶端2裂，柱头侧生。果半球状。

生境：多生于山林下或灌木丛间、山间阴湿的草丛中，喜生于排水好、富有腐殖质并较湿润的土壤中。幼苗、成株均能在田间越冬。

分布：辽东广为分布。

用途：散寒祛风；止痛；温肺化饮；通窍。主治风寒表证、头痛、牙痛、风湿痹痛、痰饮咳喘、鼻塞、鼻渊、口疮。

3.21　猕猴桃科

3.21.1　葛枣猕猴桃

科名：猕猴桃科 Actinidiaceae
属名：猕猴桃属 *Actinidia*
学名：*Actinidia polygama* (Sieb. et Zucc.) Maxim.
别名：葛枣子、木天蓼

保护级别及保护现状：无。
资源利用现状：未利用。
形态特征：大型落叶藤本；叶膜质（花期）至薄纸质，卵形或椭圆卵形，顶端急渐尖至渐尖，花序1～3花，苞片小，萼片5，卵形至长方卵形；花丝线形，花药黄色，卵形箭头状；子房瓶状，洁净无毛。果成熟时淡橘色，卵珠形或柱状卵珠形，无毛，无斑点，顶端有喙，基部有宿存萼片。浆果矩圆形至卵圆形，黄色，有尖嘴，无斑。

生境：常生于海拔500～1 900米河边灌丛中，山坡杂木林中。

分布：辽中、辽东各地广为分布。
用途：根可用于风虫牙痛、腰痛，枝、叶味辛性温，理气止痛；带虫瘿的果实味苦性辛，微热，用于治疗中风、口面喝斜、疝气；嫩叶可作为蔬菜。

3.21.2　狗枣猕猴桃

科名：猕猴桃科 Actinidiaceae
属名：猕猴桃属 *Actinidia*
学名：*Actinidia kolomikta* (Maxim.et Rupr.) Maxim.
别名：深山木天蓼、狗枣子

保护级别及保护现状：无。

资源利用现状：未利用。

形态特征：大型落叶藤本；小枝紫褐色，有较显著的带黄色的皮孔。叶膜质或薄纸质，阔卵形、长方卵形至长方倒卵形。聚伞花序，苞片小，钻形。果柱状长圆形、卵形或球形，有时为扁体长圆形，果皮洁净无毛，无斑点，未熟时暗绿色，成熟时淡橘红色，并有深色的纵纹；果熟时花萼脱落。

生境：喜生于土壤腐殖质肥沃的半阴坡针叶、阔叶混交林及灌木林中。

分布：辽东各地广为分布。

用途：果实用于治疗坏血病；具有医疗保健作用。

3.21.3 软枣猕猴桃

科名：猕猴桃科 Actinidiaceae
属名：猕猴桃属 *Actinidia*
学名：*Actinidia arguta* (Sieb. et Zucc.) Planch. ex Miq.
别名：软枣子

保护级别及保护现状：无。

资源利用现状：作为小浆果进行人工栽培。

形态特征：落叶藤本；小枝基部无毛或幼嫩时星散地薄被柔软茸毛，皮孔长圆形至短条形；髓白色至淡褐色，片层状。叶膜质或纸质，近卵圆形，顶端急短尖，基部圆形至浅心形，边缘具繁密的锐锯齿。花序腋生或腋外生。花瓣楔状倒卵形或瓢状倒阔卵形；花丝丝状，花药黑色或暗紫色。果圆球形至柱状长圆形，不具宿存萼片，成熟时绿黄色或紫红色。

生境：生于阴坡的针、阔混交林和杂木林中土质肥沃处，有的生于阳坡水分充足的地方。喜凉爽、湿润的气候，或山沟溪流旁，多攀缘在阔叶树上，枝蔓多集中分布于树冠上部。

分布：辽东、辽南各地均有分布，辽西凌源、辽北彰武有少量分布。

用途：开发功能保健食品的绝佳原料；鲜食和加工成整果罐头、果脯等；果药用，为强壮、解热及收敛剂；花可提芳香油。

3.22　虎耳草科

3.22.1　槭叶草

科名：虎耳草科 Saxifragaceae
属名：槭叶草属 *Mukdenia*
学名：*Mukdenia rossii* (Oliv.) Koidz
别名：岩槭叶草

保护级别及保护现状： 辽宁省Ⅲ级。

资源利用现状： 无。

形态特征： 多年生草本；根状茎粗大。
基生叶通常1～5，稀更多，叶片卵圆形、卵
形或近圆形，基部心形或近截形，先端尖，
不分裂或3浅裂，边缘具重锯齿，齿端具腺点，两面无毛，有时背面带紫色。复聚伞花
序，密被短腺毛；花丝无毛，花药近球形，暗紫色；心皮2。蒴果。种子多数。

生境： 生于岩石缝上。

分布： 辽东、辽南分布较多，凌源也有分布。

用途： 无。

3.23 茶藨子科

3.23.1 华蔓茶藨子

科名： 茶藨子科 Grossulariaceae
属名： 茶藨子属 *Ribes*
学名： *Ribes fasciculatum* var. *chinense* Maxim.
别名： 华茶藨子

保护级别及保护现状： 辽宁省Ⅲ级。

资源利用现状： 无。

形态特征： 落叶灌木，高1～2米。小枝灰绿色，密被柔毛，老枝紫褐色，片状剥裂。叶互生成簇，叶长2.5～4厘米，宽与长几相等，叶基微心形，3～5裂，裂片阔卵形，具稀疏牙齿，两面均被柔毛，下面脉上密生柔毛；叶柄长1～2厘米，具柔毛。雌雄异株，单性花生于叶腋，组成几乎无总梗的伞形花序，雄花4～9朵，雌花2～4朵，花黄绿色，花瓣5，极小，半圆形，雄蕊5，长于花瓣，花丝极短，柱头先端2裂。果实近球形，红褐色。花期4～5月，果熟期8～9月。

生境： 生于灌木或针、阔混交林下。

分布： 辽东有少量分布。

用途： 浆果可食。

3.23.2 腺毛茶藨子

科名：茶藨子科 Grossulariaceae
属名：茶藨子属 *Ribes*
学名：*Ribes longiracemosum* Franch. var.
davidii Jancz.
别名：腺毛长串茶藨

保护级别及保护现状：辽宁省Ⅲ级。

资源利用现状：无。

形态特征：本变种叶下面具疏密不等的短柔毛；总状花序长达40厘米，具花20余朵；苞片较大，长5 ~ 7毫米。

生境：生于山坡灌丛、山谷林下或沟边杂木林下。

分布：仅分布于旅顺老铁山。

用途：浆果可食。

3.24 小檗科

日本山荷叶

科名：小檗科 Berberidaceae
属名：八角莲属 *Diphylleia*
学名：*Diphylleia grayi* F. Schmidt
别名：金魁莲、旱八角、八角莲、佛爷
伞、大叶子、大脖梗子

保护级别及保护现状：辽宁省Ⅲ级。

资源利用现状：无。

形态特征：多年生草本。根状茎横走而粗壮，其上有旧茎枯死后残留的白状疤痕，连续排列，呈结节状。茎直立，不分枝，稍被柔毛。基生叶1片，长柄；茎生叶2片，互生，扁圆肾形。复聚伞花序顶生。浆果椭圆形或球形，蓝黑色，无毛，有白粉，内有种子数粒。

生境：常见于阴湿的阔叶林间。

分布：辽东广泛分布。

用途：活血化瘀，解毒消肿。

3.25   蔷薇科

3.25.1   玫瑰（野生）

科名：蔷薇科 Rosaceae
属名：蔷薇属 *Rosa*
学名：*Rosa rugosa* Thunb.
别名：刺玫

保护级别及保护现状：国家 II 级。

资源利用现状：作为观赏花卉栽培。

形态特征：直立灌木；茎粗壮，丛生；小枝密被茸毛，并有针刺和腺毛。小叶片椭圆形或椭圆状倒卵形，先端急尖或圆钝。花单生于叶腋，或数朵簇生，苞片卵形，边缘有腺毛，外被茸毛；花瓣倒卵形，重瓣，芳香，紫红色至白色；果扁球形，砖红色，肉质，平滑，萼片宿存。

生境：喜阳光充足，耐寒、耐旱，喜排水良好、疏松肥沃的壤土。

分布：主要分布于长海、庄河、营口、东港。

用途：初开的花朵及根可入药，有理气、活血、收敛等作用；酿酒，生产酱油，制果酱，制作各种茶点；做高级香料、高档化妆品；做染料。

3.25.2 白玉山蔷薇

科名：蔷薇科 Rosaceae
属名：蔷薇属 *Rosa*
学名：*Rosa baiyushanensis* Q. L. Wang
别名：白玉棠

保护级别及保护现状：辽宁省Ⅱ级。
资源利用现状：作为观赏灌木引种。
形态特征：落叶灌木；小枝黄褐色，无毛，具皮刺，老枝褐紫色，无毛，具稀疏皮刺；基部膨大下延，常成对生于托叶基部。奇数羽状复叶，大部与叶柄合生，先端分离成三角状裂片。花单生；苞片卵形，边缘具小腺体；花托近椭圆形，外被稀疏腺毛或光滑无毛，花柱被白色柔毛。蔷薇果微椭圆形。花期6月，果期9月。

生境：喜温暖地区，常生于海拔60米左右山坡。
分布：主要分布于旅顺。
用途：常用于园林种植，具有观赏价值。

3.25.3   东北绣线梅

科名：蔷薇科 Rosaceae
属名：绣线梅属 *Neillia*
学名：*Neillia uekii* Nakai

保护级别及保护现状：辽宁省Ⅱ级。

资源利用现状：作为观赏花卉引种栽培。

形态特征：直立灌木。托叶膜质，卵状披针形；叶片卵形至椭圆状卵形，基部圆形至近截形。总状花序，萼筒钟状，萼裂片三角形，先端渐尖，内外两面均被短柔毛；花瓣匙形；子房顶端和腹缝有柔毛，花柱顶生。蓇葖果具宿萼，萼筒壶状钟形，外面密被长腺毛及短柔毛，内有1粒黄褐色光亮种子。果期8月。

生境：该种资源稀少，生于山坡。

分布：分布于宽甸。

用途：园林观赏用。

3.25.4 东方草莓

科名：蔷薇科 Rosaceae
属名：草莓属 *Fragaria*
学名：*Fragaria orientalis* Lozinsk
别名：泡泡莓、野草莓、野地果、野
地枣

保护级别及保护现状：无。
资源利用现状：未利用。
形态特征：多年生草本。三出复叶，小叶几无柄，倒卵形或菱状卵形，边缘有缺刻状锯齿。花序聚伞状，基部苞片淡绿色或具一有柄的小叶，被开展柔毛。花两性；萼片卵圆披针形，顶端尾尖，副萼片线状披针形；花瓣白色，基部具短爪。聚合果，瘦果。花期5~7月，果期7~9月。
生境：生于山坡草地或林下。
分布：东港、宽甸有分布。
用途：可生食或供制果酒、果酱，还很适合用于制作各种甜点；可用于血热型化脓症，肺胃淤血，止渴生津，祛痰。

3.25.5　风箱果

科名：蔷薇科 Rosaceae
属名：风箱果属 *Physocarpus*
学名：*Physocarpus amurensis* (Maxim.) Maxim.
别名：阿穆尔风箱果、托盘幌

保护级别及保护现状： 辽宁省Ⅲ级。

资源利用现状： 作为观赏植物栽培。

形态特征： 灌木；树皮成纵向剥裂。叶片三角卵形至宽卵形；叶柄微被柔毛或近于无毛；托叶线状披针形，顶端渐尖，边缘有不规则尖锐锯齿。花序伞形总状，花瓣倒卵形，花药紫色。蓇葖果膨大，卵形，长渐尖头，熟时沿背腹两缝开裂，外面微被星状柔毛，内含光亮黄色种子2～5。花期6月，果期7～8月。

生境： 生于山沟中、阔叶林边，常丛生。喜光，也耐半阴，耐寒。

分布： 辽东有分布。

用途： 用于观赏；具有抗卵巢癌、中枢神经肿瘤、结肠肿瘤等作用。

3.25.6　鸡麻

科名：蔷薇科 Rosaceae
属名：鸡麻属 *Rhodotypos*
学名：*Rhodotypos scandens* (Thunb.) Makino
别名：白棣棠、三角草、山葫芦子、双珠母、水葫芦杆

保护级别及保护现状：辽宁省Ⅲ级。
资源利用现状：无。
形态特征：落叶灌木；小枝紫褐色，嫩枝绿色，光滑。叶对生，卵形，顶端渐尖，基部圆形至微心形，边缘有尖锐重锯齿，叶柄被疏柔毛；托叶膜质。单花顶生于新梢上；花瓣白色，倒卵形。核果黑色或褐色，斜椭圆形。花期4～5月，果期6～9月。
生境：喜光，耐半阴。多生于山坡疏林中及山谷林下阴处。
分布：辽宁东部地区广泛分布。
用途：药用，主治血虚肾亏；栽培供庭园绿化用。

3.25.7　石生悬钩子

科名：蔷薇科 Rosaceae
属名：悬钩子属 *Rubus*
学名：*Rubus saxatilis* L.
别名：天山悬钩子

保护级别及保护现状：无。

资源利用现状：无。

形态特征：草本；茎具小针刺和稀疏柔毛。复叶，小叶片卵状菱形至长圆状菱形，边缘常具粗重锯齿；叶柄具稀疏柔毛和小针刺；托叶离生，花枝上的托叶卵形或椭圆形，全缘。花成束或成伞房状花序；花萼陀螺形或在果期为盆形，外面有柔毛。果实球形，小核果较大；核长圆形，具蜂巢状孔穴。

生境：生于石砾地，灌丛或针、阔叶混交林下，海拔达 3 000 米。

分布：广泛分布于辽南、辽东。

用途：全草及果实入中药，茎入蒙药；可作为观赏绿化树种。

3.25.8 秋子梨

科名：蔷薇科 Rosaceae
属名：梨属 *Pyrus*
学名：*Pyrus ussuriensis* Maxim.
别名：花盖梨、沙果梨、酸梨、楸子梨、山梨

保护级别及保护现状： 无。

资源利用现状： 作为砧木栽培。

形态特征： 乔木。叶片卵形至宽卵形，基部圆形或近心形，稀宽楔形，边缘具有带刺芒状尖锐锯齿，托叶线状披针形。花序密集，不久脱落；苞片膜质，全缘；萼筒外面无毛或微具茸毛；萼片三角披针形；花瓣倒卵形或广卵形，先端圆钝，基部具短爪。花药紫色。果实近球形，萼片宿存，基部微下陷，具短果梗。花期5月，果期8～10月。

生境： 生于丘陵、低山。

分布： 辽宁各地均有分布。

用途： 果与冰糖煎膏有清肺止咳之效。

3.25.9 山樱花

科名：蔷薇科 Rosaceae

属名：樱属 *Cerasus*

学名：*Cerasus serrulata* (Lindl.) G.Don ex London

别名：樱花、野生福岛樱

保护级别及保护现状：辽宁省Ⅲ级。

资源利用现状：作为观赏植物有栽培。

形态特征：落叶乔木；树皮暗褐色，平滑；小枝幼时有毛。叶卵状椭圆形至倒卵形，叶端急渐尖，叶基圆形至广楔形，叶缘有细尖重锯齿，叶背脉上及叶柄有柔毛。花白色至淡粉红色，常为单瓣，微香；萼筒管状，有毛。核果，近球形，黑色。花期4月，叶前或与叶同时开放。

生境：喜光，喜肥沃、深厚而排水良好的微酸性土壤，中性土也能适应，不耐盐碱。耐寒，喜空气湿度大的环境。

分布：辽南、辽东有分布。

用途：花开满种，花繁艳丽，极为壮观，是重要的园林观赏树种；树皮和新鲜嫩叶可药用。

3.25.10　山楂叶悬钩子

科名：蔷薇科 Rosaceae
属名：悬钩子属 *Rubus*
学名：*Rubus crataegifolius* Bge.
别名：牛叠肚、托盘、马林果

保护级别及保护现状：无。

资源利用现状：无。

形态特征：直立灌木；枝具沟棱。单叶，边缘3～5掌状分裂，裂片有不规则缺刻状锯齿，基部具掌状5脉；叶柄疏生柔毛和小皮刺。花数朵簇生或成短总状花序，常顶生；花萼外面有柔毛；萼片卵状三角形或卵形，顶端渐尖。浆果，暗红色，无毛，有光泽；核具皱纹。花期5～6月，果期7～9月。

生境：生于向阳山坡灌木丛中或林缘，常在山沟、路边成群生长，海拔300～2500米。

分布：辽东、辽南广泛分布。朝鲜、日本等地区也有分布。

用途：果酸甜，可生食，制果酱或酿酒；全株含鞣酸，可提取栲胶；茎皮含纤维，可用于造纸及制纤维板；果和根入药，补肝肾，祛风湿。

3.25.11　茅莓悬钩子

科名：蔷薇科 Rosaceae
属名：悬钩子属 *Rubus*
学名：*Rubus parvifolius* L.
别名：茅莓、小叶悬钩子、草杨梅子

保护级别及保护现状：无。
资源利用现状：无。
形态特征：灌木；枝被柔毛和稀疏钩状
皮刺。小叶菱状圆形或倒卵形，顶端圆钝或
急尖，基部圆形或宽楔形，常具浅裂片，顶生小叶柄被柔毛和稀疏小皮刺；托叶线形，具
柔毛。伞房花序顶生或腋生，被柔毛和细刺；花萼外面密被柔毛和疏密不等的针刺。果实
卵球形，核有浅皱纹。花期5～6月，果期7～8月。
生境：生于山坡杂木林下、向阳山谷、路旁或荒野，海拔400～2 600米。喜温暖气
候，耐热，耐寒。
分布：主要分布于宽甸等地。
用途：果实酸甜多汁，可供食用、酿酒及
制醋等；根和叶含鞣酸，可提取栲胶；全株入
药，有止痛、活血、祛风湿及解毒之效。

3.26 豆科

3.26.1 甘草

科名：豆科 Fabaceae

属名：甘草属 *Glycyrrhiza*

学名：*Glycyrrhiza uralensis* Fisch.

别名：甜草根、红甘草、粉甘草、乌拉尔甘草、甜根子

保护级别及保护现状：国家 II 级。

资源利用现状：作为重要药用植物栽培。

形态特征：多年生草本；茎直立，多分枝，密被鳞片状腺点、刺毛状腺体及白色或褐色的茸毛。托叶三角状两面密被白色短柔毛；叶柄密被褐色腺点和短柔毛；小叶5～17，卵形、长卵形或近圆形。总状花序，蝶形花冠；苞片长圆状披针形，花萼钟状。长圆形荚果。扁圆形种子。花期6～8月，果期7～10月。

生境：多生于干旱、半干旱的沙土、沙漠边缘，适应性强，抗逆性强。

分布：分布于朝阳、彰武、凌源等辽西北地区。

用途：重要的药用资源植物，具有止咳化痰、清热解毒、去火、补气、健脾胃的作用。

3.26.2　宽叶蔓豆

科名：豆科 Fabaceae
属名：大豆属 Glycine
学名：*Glycine gracilis* Skv.
别名：细茎大豆

保护级别及保护现状：无。
资源利用现状：无。
形态特征：一年生草本；茎粗壮，缠绕或匍匐；茎、小枝密生淡黄色长硬毛。叶具 3 小叶，托叶披针形至线形。总状花序通常短，花小；苞片披针形，被毛。荚果肥大，黄色至褐色。种子椭圆形，黄色、淡绿等多种颜色，通常有泥膜，不光亮。花期 7 ～ 8 月，果期 9 ～ 10 月。
生境：生于田边、村边、路旁、沟边湿地上。
分布：辽宁各地均有分布。
用途：大豆育种重要的野生种质资源，可栽作牧草、绿肥和水土保持植物；茎皮纤维可织麻袋；全草可药用，有补气血、利尿等功效。

3.26.3　野大豆

科名：豆科 Fabaceae
属名：大豆属 *Glycine*
学名：*Glycine soja* Sieb. et Zucc.
别名：落豆秧、小落豆、野黄豆

保护级别及保护现状：国家Ⅱ级。

资源利用现状：无。

形态特征：一年生缠绕草本；茎、小枝纤细，全体疏被褐色长硬毛。叶具3小叶；托叶卵状披针形；顶生小叶卵圆形或卵状披针形。花冠淡红紫色或白色。荚果长圆形，稍弯，两侧稍扁。种子间稍缢缩，干时易裂。花期7～8月，果期8～10月。

生境：喜水耐湿，多生于山野以及河流沿岸、湿草地、湖边、沼泽附近或灌丛中，稀见于林内和风沙干旱的沙荒地。

分布：辽宁各地均有分布。

用途：大豆育种重要的野生种质资源，可栽种作为牧草、绿肥和水土保持植物；茎皮纤维可织麻袋；全草可药用，有补气血、利尿等功效。

3.26.4　蒙古黄耆

科名：豆科 Fabaceae
属名：黄耆属 *Astragalus*
学名：*Astragalus mongholicus* Bunge
别名：棉芪、独椹、百药棉、黄参、血参等

保护级别及保护现状： 辽宁省Ⅲ级。

资源利用现状： 作为药用植物有栽培。

形态特征： 羽状复叶；托叶离生，卵形，披针形或线状披针形。总状花序稍密，苞片线状披针形，花萼钟状，外面被白色或黑色柔毛；花冠黄色。荚果薄膜质。花期6～8月，果期7～9月。

生境： 主要生于山坡草地或草甸，以及干旱沙质地区。

分布： 主要分布于辽西地区。

用途： 有增强机体免疫功能、保肝、利尿、抗衰老、抗应激、降压和较广泛的抗菌作用。

3.27 芸香科

3.27.1 臭檀吴茱萸

科名：芸香科 Rutaceae
属名：吴茱萸属 *Tetradium*
学名：*Tetradium daniellii* (Bennett) T. G. Hartley
别名：臭檀

保护级别及保护现状：辽宁省Ⅲ级。

资源利用现状：无。

形态特征：奇数羽状复叶互生；小叶2～5对，卵形或矩圆状卵形，长5～13厘米，宽3～6厘米，叶缘有钝齿，下面沿脉密生长柔毛。聚伞状圆锥花序顶生；花白色，萼片及花瓣均5片。蓇葖果紫红色，有腺点。种子黑色，有光泽。秋叶鲜黄，花期6～7月，果期9～10月。

生境：耐盐碱，抗海风，具深根性，喜生于山坡或山崖上。

分布：辽南有分布。

用途：药用能治脾胃虚寒、脘腹冷痛、呕吐、泄泻、少食、脾胃气滞、脘腹胀满、腹痛等。

3.27.2　黄檗

科名：芸香科 Rutaceae
属名：黄檗属 *Phellodendron*
学名：*Phellodendron amurense* Rupr.
别名：黄柏、黄檗木、黄波椤树、黄伯栗、元柏

保护级别及保护现状：国家Ⅱ级。

资源利用现状：无。

形态特征：乔木；枝扩展，成年树的树皮有厚木栓层，浅灰或灰褐色，深沟状或不规则网状开裂。小叶薄纸质或纸质，卵状披针形或卵形，叶缘有细钝齿和缘毛。花序顶生；萼片细小，阔卵形；花瓣紫绿色；退化雌蕊短小。果圆球形，蓝黑色，有浅纵沟。花期5～6月，果期9～10月。

生境：生于河谷及山地中下部的阔叶林或红松、云杉针阔叶混交林中。

分布：辽宁各地均有分布。

用途：树皮入药，清热解毒、清热燥湿、治湿热痢疾、泄泻、黄疸。

3.28 苦木科

苦树

科名：苦木科 Simaroubaceae
属名：苦树属 *Picrasma*
学名：*Picrasma quassioides* (D.Don) Benn.
别名：苦通皮、马断肠、吊杆麻、菜虫药、老虎麻

保护级别及保护现状：辽宁省Ⅲ级。

资源利用现状：无。

形态特征：落叶乔木；树皮紫褐色，全株有苦味。叶互生，卵状披针形或广卵形，叶面无毛，托叶披针形。花雌雄异株，组成腋生复聚伞花序；花瓣与萼片同数，卵形或阔卵形。核果成熟后蓝绿色。种皮薄，萼宿存。花果期4～9月。

生境：多生于海拔1 650～2 400米的湿润山谷、山地杂木林中。

分布：辽南地区有分布。

用途：根、茎药用，清热燥湿，解毒，杀虫。

3.29　漆树科

毛黄栌

科名：漆树科 Anacardiaceae
属名：黄栌属 *Cotinus*
学名：*Cotinus coggygria* Scop. var.*pubescens* Engl.
别名：柔毛黄栌

保护级别及保护现状：辽宁省Ⅲ级。
资源利用现状：无。
形态特征：落叶灌木或小乔木。单叶互生，卵圆形至倒卵形，全缘。顶生圆锥花序，秋季叶变为红色、橙红色。
生境：喜光，较耐寒，喜生于半阴且较干燥的山地，耐干旱、耐瘠薄，但不耐水湿。
分布：建平、凌源有分布。
用途：用于庭园观赏树或风景园林树种。

3.30 椴树科

紫椴

科名：椴树科 Tiliaceae
属名：椴树属 *Tilia*
学名：*Tilia amurensis* Rupr.
别名：阿穆尔椴、籽椴、小叶椴、椴树

保护级别及保护现状：国家Ⅱ级。
资源利用现状：作为行道树栽培。
形态特征：落叶乔木；小枝黄褐色或红褐色，呈之字形，皮孔明显。叶阔卵形或近圆形，基部心形。聚伞花序长，花序分枝无毛，苞片倒披针形或匙形；萼片5，两面被疏短毛；花瓣5，黄白色；雄蕊多数；果球形或椭圆形，被褐色短毛。种子褐色，倒卵形。花期6～7月，果熟9月。
生境：喜温凉、湿润气候，常单株散生于红松阔叶混交林内，垂直分布于海拔800米以下。
分布：辽宁各地均有分布，以辽东地区较多。
用途：药用可解表、清热；可制作椴树蜜。

3.31　瑞香科

3.31.1　芫花

科名：瑞香科 Thymelaeaceae
属名：瑞香属 *Daphne*
学名：*Daphne genkwa* Sieb. et Zucc.
别名：南芫花、芫花条、药鱼草、莞花、
　　　头痛花

保护级别及保护现状：辽宁省Ⅲ级。

资源利用现状：无。

形态特征：落叶灌木；树皮褐色。叶对生，纸质，卵形或卵状披针形，边缘全缘。花比叶先开放，花紫色或淡蓝紫色；花萼筒细瘦，筒状；花药黄色，卵状椭圆形，伸出喉部，顶端钝尖；花盘环状，不发达；子房长倒卵形。果实肉质，白色，椭圆形。花期3～5月，果期6～7月。

生境：生于海拔300～1 000米。宜温暖气候，性耐旱怕涝，以肥沃疏松的沙质土壤栽培为宜。

分布：凌源有分布。

用途：芫花的花蕾药用，为治水肿和祛痰药。

3.31.2　长白瑞香

科名：瑞香科 Thymelaeaceae
属名：瑞香属 *Daphne*
学名：*Daphne koreanum* Nakai
别名：辣根草、祖师麻

保护级别及保护现状： 辽宁省Ⅲ级。

资源利用现状： 无。

形态特征： 树皮光滑，灰褐色或灰白色；枝条柔软，有皱褶；叶互生、倒卵状披针形；花两性，淡黄白色。果为浆果，幼时绿色，成熟时鲜红色或红色。花期4～5月，果期6～9月。

生境： 生于山坡阔叶林中。

分布： 桓仁有分布。

用途： 药用，能舒筋活络、活血化瘀。

3.32 菱科

四角刻叶菱

科名：菱科 Trapaceae
属名：菱属 *Trapa*
学名：*Trapa incisa* Sieb. et Zucc.
别名：刺菱、菱角

保护级别及保护现状：国家 II 级。

资源利用现状：无。

形态特征：一年生，水生草本。叶二型，浮生于水面的叶，有海绵质的气囊为长纺锤形或披针形；叶通常斜方形或三角状菱形，上部边缘有锐齿，全缘；沉水叶羽状细裂。花白色，腋生。坚果三角形，其四角或两角有尖锐的刺，绿色，果柄细而短。花期 7～8 月，果熟期 10 月。

生境：野生于水塘或田沟内，喜阳光，抗寒力强。对气候和土壤适应性很强，耐水湿、耐干旱，喜深厚、肥沃、疏松土壤。

分布：分布于东北至长江流域。

用途：有补脾健胃、生津止渴、解毒消肿的功效。

3.33 五加科

3.33.1 刺楸

科名：五加科 Araliaceae
属名：刺楸属 *Kalopanax*
学名：*Kalopanax septemlobus* (Thunb.)
Koidz.
别名：鸟不宿、钉木树、丁桐皮

保护级别及保护现状： 辽宁省Ⅱ级。
资源利用现状： 作为观赏植物栽培。
形态特征： 落叶乔木；树皮暗灰棕色；小枝淡黄棕色或灰棕色，散生粗刺。叶片纸质，在长枝上互生，在短枝上簇生，圆形或近圆形。圆锥花序，花盘隆起；花柱合生成柱状，柱头离生。果实球形，蓝黑色。花期7～10月，果期9～12月。
生境： 喜阳光充足和湿润的环境，稍耐阴，耐寒冷，多生于阳性森林、灌木林中和林缘。水湿丰富、腐殖质较多的密林，向阳山坡，甚至岩质山地也能生长。除野生种外，也有栽培种。
分布： 宽甸、桓仁、新宾、清原等地有栽培种分布。
用途： 观赏；食用；用作行道树或园林植物；优质材用材料；树根、树皮可入药，有清热解毒、消炎祛痰、镇痛等功效。

3.33.2　刺参

科名：五加科 Araliaceae
属名：*Oplopanax*
学名：*Oplopanax elatus* Nakai
别名：东北刺人参

保护级别及保护现状：辽宁省Ⅱ级。

资源利用现状：作为山野菜引种栽培。

形态特征：灌木；树皮淡灰黄色。根粗大而长，呈棒状。茎直立，少分枝，有刺，节部多刺。单叶互生；叶柄密生针刺，叶片掌状。伞形花序；花瓣5，长圆状三角形，白绿色。果实为浆果状核果，略呈扁球形，黄红色。花期6～7月，果期8～9月。

生境：生于海拔1 400～1 550米的针叶林、针阔叶混交林或落叶阔叶林带中，常见于排水良好、腐殖质肥沃处。

分布：分布于桓仁、宽甸等地。

用途：有滋补强壮身体，解热，镇咳，调整血压等功效。

3.33.3　刺五加

科名：五加科 Araliaceae
属名：五加属 *Eleutherococcus*
学名：*Eleutherococcus senticosus* (Rupr. Maxim.) Harms
别名：刺拐棒、坎拐棒子、一百针

保护级别及保护现状：无。

资源利用现状：作为药用植物栽培。

形态特征：灌木；一、二年生的茎通常密生刺，稀仅节上生刺或无刺；刺直而细长。有小叶5；叶柄常疏生细刺，小叶片纸质，椭圆状倒卵形或长圆形。伞形花序，花紫黄色；萼无毛。果实球形或卵球形，有5棱，黑色，宿存花柱。花期6～7月，果期8～10月。

生境：喜温暖湿润气候，耐寒，生于森林或灌丛中。

分布：辽东地区广泛分布。

用途：刺五加和人参有相似的药理作用和临床疗效。

3.33.4　楤木

科名：五加科 Araliaceae
属名：楤木属 *Aralia*
学名：*Aralia elata* (Miq.) Seem.
别名：龙牙楤木、刺龙牙、刺老鸦

保护级别及保护现状：无。

资源利用现状：作为山野菜栽培。

形态特征：灌木或小乔木；树皮灰色；小枝灰棕色，疏生多数细刺。叶为二回或三回羽状复叶，阔卵形、卵形至椭圆状卵形，边缘疏生锯齿。圆锥花序伞房状；苞片和小苞片披针形，膜质。果实球形，黑色，有5棱。花期6～8月，果期9～10月。

生境：喜冷凉、湿润的气候，为阴性树种，多生于阴坡。

分布：辽东广为分布。

用途：春季采收，鲜用；以根皮入药。

3.33.5 人参

科名：五加科 Araliaceae
属名：人参属 *Panax*
学名：*Panax ginseng* C. A. Mey.
别名：圆参、黄参、棒槌、鬼盖、神草、
土精、地精

保护级别及保护现状：辽宁省Ⅰ级。
资源利用现状：作为重要药用植物栽培。
形态特征：多年生宿根草本；主根肥厚、肉质，黄白色。茎直立，圆柱形，不分枝；一年生植株茎顶只有一叶。叶具3小叶；复叶掌状，中间3片近等大，有小叶柄。夏季开花，伞形花序单一顶生叶丛中。浆果扁圆形，成熟时鲜红色，内有两粒半圆形种子。

生境：喜冷凉湿润气候。喜斜射及漫射光，忌强光和高温。土壤要求为排水良好、疏松、肥沃、腐殖质层深厚的棕色森林土或山地灰化棕色森林土。

分布：辽宁东部山区有分布。

用途：其肉质根为著名的强壮滋补药，适用于调整血压、恢复心脏功能、调理神经衰弱及身体虚弱等，也有祛痰、健胃、利尿等功效。

3.34 伞形科

珊瑚菜

科名：伞形科 Apiaceae
属名：珊瑚菜属 *Glehnia*
学名：*Glehnia littoralis* Fr. Schmidt ex Miq.
别名：辽沙参、海沙参、北沙参

保护级别及保护现状：国家 II 级。
资源利用现状：作为药用植物栽培。
形态特征：多年生草本；全株被白色柔毛。根细长。茎露于地面部分较短，分枝，地下部分伸长。叶多数基生，厚质；叶片轮廓呈圆卵形至长圆状卵形，三出式分裂至三出式二回羽状分裂，顶端圆形至尖锐，边缘有缺刻状锯齿。复伞形花序顶生，密生浓密的长柔毛；无总苞片；小总苞数片，线状披针形；花白色。果实近圆球形，果棱有木栓质翅。花果期 6 ~ 8 月。
生境：珊瑚菜耐寒力强，喜光，耐盐，生于滨海向阳沙滩。

分布：绥中、长海有分布。

用途：作为蔬菜食用，保健食品；其根作为"北沙参"药用；也是盐碱土的指示作物。

3.35 杜鹃花科

3.35.1 红果越橘

科名：杜鹃花科 Ericaceae
属名：越橘属 *Vaccinium*
学名：*Vaccinium hirtum* Thunb
别名：朝鲜越橘

保护级别及保护现状： 辽宁省Ⅲ级。

资源利用现状： 无。

形态特征： 落叶灌木；茎多分枝。叶多数，散生枝上，叶片纸质，椭圆形或卵形，边缘有细锯齿。花未见。浆果1～3个生于去年生枝顶叶腋，果梗无毛，与果实相接处有关节；果成熟时红色，长圆形，具5条棱；宿存花萼具5齿，萼齿三角形或半圆形，基部连合，无毛。果期9月。

生境： 生于山顶石缝隙间。

分布： 分布于宽甸。

用途： 果可食用。

3.35.2 　牛皮杜鹃

科名：杜鹃花科 Ericaceae
属名：杜鹃花属 *Rhododendron*
学名：*Rhododendron aureum* Georgi
别名：牛皮茶

保护级别及保护现状： 辽宁省Ⅲ级。

资源利用现状： 渐危种，未利用。

形态特征： 常绿矮小灌木。茎横生，侧枝斜升，具宿存的芽鳞。叶革质，倒披针形。顶生伞房花序；花萼小；花冠钟形，淡黄色。果序直立，蒴果长圆柱形。花期5～6月，果期7～9月。

生境： 生于高山冻原和石质山坡上。

分布： 桓仁有分布。

用途： 叶内含有芳香油，可用作调香原料；根、茎、叶含鞣酸，可提制拷胶；叶又可代茶用。该种叶大花美，是东北稀有的常绿观赏植物；利于水土保持，在维持生态平衡方面起着重要作用。此外，它还是育种的种质资源。

3.36　木犀科

3.36.1　水曲柳

科名：木犀科 Oleaceae
属名：梣属 *Fraxinus*
学名：*Fraxinus mandshurica* Rupr.
别名：大叶梣、东北

保护级别及保护现状： 国家 II 级。

资源利用现状： 渐危种，是古老的孑遗植物，作为观赏植物栽培。

形态特征： 乔木；树皮灰褐色，纵裂。冬芽大，圆锥形，黑褐色，芽鳞外侧平滑。小枝粗壮，黄褐色至灰褐色，四棱形，节膨大。羽状复叶，叶缘具细锯齿。圆锥花序生于枝上，先叶开放；雄花与两性花异株，均无花冠也无花萼。翅果。花期4月，果期8～9月。

生境： 多生于河漫滩和山地河流下游的河谷第一阶地。

分布： 辽东地区广为分布。

用途： 多作为行道树种植。

3.36.2　雪柳

科名: 木犀科 Oleaceae
属名: 雪柳属 *Fontanesia*
学名: *Fontanesia phillyreoides* subsp. *fortunei* (Carriere) Yaltirik
别名: 五谷树、珍珠花、挂梁青

保护级别及保护现状: 辽宁省Ⅲ级。
资源利用现状: 作为行道树进行栽培。
形态特征: 落叶灌木或小乔木;树皮灰褐色。枝灰白色。叶片纸质,披针形,全缘,两面无毛。圆锥花序顶生或腋生。花两性或杂性同株;苞片锥形或披针形;花萼微小,杯状。果黄棕色,倒卵形至倒卵状椭圆形,花柱宿存,边缘具窄翅;种子具三棱。花期4～6月,果期6～10月。

生境: 喜光,稍耐阴;喜肥沃、排水良好的土壤;喜温暖,亦较耐寒。生于水沟、溪边或林中,海拔在800米以下。

分布: 辽南有分布。

用途: 作为蜜源植物,可用于庭院观赏,做绿篱,做切花,作为"八木条"药用。

3.37 龙胆科

龙胆

科名：龙胆科 Gentianaceae
属名：龙胆属 *Gentiana*
学名： *Gentiana scabra* Bunge
别名：龙胆草、龙胆花、胆草、苦胆草

保护级别及保护现状：辽宁省Ⅲ级。

资源利用现状：作为药用植物栽培。

形态特征：多年生草本。叶对生，下部叶2～3对，很小，呈鳞片状，中部和上部叶披针形，表面暗绿色，背面淡绿色，有3条明显叶脉，无叶柄。花生于枝梢或近梢的叶腋间，开蓝色筒状钟形花。果实长椭圆形稍扁，成熟后二瓣开裂。花果期5～11月。

生境：龙胆是高山植物，喜潮湿凉爽气候，野生于山坡草地、路边、河滩、灌丛中、林缘及林下、草甸，海拔400～3000米。

分布：辽南、辽东有分布。

用途：药用有清热、除燥湿功效。

3.38   旋花科

刺旋花

科名：旋花科 Convolvulaceae
属名：旋花属 *Convolvulus*
学名：*Convolvulus tragacanthoides* Turcz.
别名：木旋花

保护级别及保护现状：辽宁省Ⅲ级。

资源利用现状：无。

形态特征：匍匐灌木；全株被银灰色绢毛。茎密集分枝，形成披散垫状；小枝坚硬，具刺。叶狭线形，密被银灰色绢毛。花密集于枝端，花枝有时伸长，无刺，密被半贴生绢毛；花冠漏斗形，粉红色；雌蕊较雄蕊长；子房有毛。蒴果球形。种子卵圆形，花期5～7月。

生境：生于浅山、丘陵、石质坡地、山前沙砾质洪积扇和洪积坡等处。

分布：建平有分布。

用途：可作为饲用，具有水土保持和固沙作用。

3.39 紫草科

紫草

科名：紫草科 Boraginaceae
属名：紫草属 *Lithospermum*
学名：*Lithospermum erythrorhizon* Sieb. et Zucc.
别名：硬紫草、大紫草、紫丹、地血、鸦衔草、紫草根、山紫草

保护级别及保护现状：辽宁省Ⅲ级。
资源利用现状：作为药用植物栽培。
形态特征：多年生草本。根富含紫色物质。茎直立，有贴伏和开展的短糙伏毛，上部有分枝，枝斜生并常稍弯曲。叶卵状披针形至宽披针形，两面均有短糙伏毛。花序生于茎和枝上部；苞片与叶同形而较小；花萼裂片线形；花冠白色，外面稍有毛；雄蕊着生花冠筒中部稍上，柱头头状。小坚果卵球形，乳白色或带淡黄褐色。花果期6～9月。

生境：多生于砾石山坡、向阳山坡草地、灌丛或林缘、荒漠草原、戈壁、向阳石质山坡、湖滨沙地。

分布：清原、新宾等地有栽培。

用途：有抗菌、抗炎、抗肿瘤作用。

3.40 唇形科

3.40.1 丹参

科名：唇形科 Lamiaceae
属名：鼠尾草属 *Salvia*
学名：*Salvia miltiorrhiza* Bunge
别名：赤参、紫丹参、红根

保护级别及保护现状： 辽宁省Ⅲ级。

资源利用现状： 作为药用植物栽培。

形态特征： 多年生草本。根肉质，疏生支根。茎直立，四棱形，具槽，密被长柔毛。叶常为奇数羽状复叶，卵圆形，先端锐尖或渐尖，边缘具圆齿，草质。轮伞花序，苞片披针形，先端渐尖；花萼钟形，带紫色；花冠紫蓝色，花盘前方稍膨大。小坚果黑色，椭圆形。花期4～8月，花后见果。

生境： 喜气候温和、光照充足、空气湿润、土壤肥沃的环境。

分布： 凌源、建平、喀左等地有栽培。

用途： 根入药，有祛瘀、生新、活血、调经等作用，可治神经衰弱引起的失眠、关节痛、贫血等。

3.40.2　黄芩

科名：唇形科 Lamiaceae
属名：黄芩属 *Scutellaria*
学名：*Scutellaria baicalensis* Georgi
别名：山茶根、土金茶根

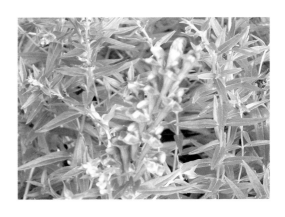

保护级别及保护现状：无。

资源利用现状：作为药用植物栽培。

形态特征：多年生草本。根茎肥厚。茎基部伏地，钝四棱形，绿色或带紫色，自基部多分枝。叶纸质，披针形至线状披针形。花序在茎及枝上，顶生，总状；花冠紫、紫红至蓝色，外面密被具腺短柔毛；花柱细长，花盘环状，子房褐色。小坚果卵球形，黑褐色，具瘤，腹面近基部具果脐。花期7～8月，果期8～9月。

生境：喜温暖，耐严寒，生于山顶、山坡、林缘、路旁等向阳较干燥的地方。

分布：凌源、建平、喀左、北票、绥中、庄河、朝阳、彰武、铁岭等有分布。

用途：根茎为清凉性解热消炎药，对上呼吸道感染，急性胃肠炎等均有功效，少量服用有健胃的作用；茎秆可提制芳香油，亦可代茶用而称为芩茶。

3.40.3　京黄芩

科名：唇形科 Lamiaceae
属名：黄芩属 *Scutellaria*
学名：*Scutellaria pekinensis* Maxim.
别名：木根黄芩

保护级别及保护现状：辽宁省Ⅲ级。

资源利用现状：无。

形态特征：多年生草本；根状茎粗而长，木质，分枝，较密被开展或下曲的粗硬毛。叶对生，叶片卵形或长圆状卵形，两侧边缘具不规则的大锯齿（或为牙齿状或圆齿状），表面稍密被伏贴或近伏贴的糙毛。总状花序顶生，苞片广卵形至广卵状近菱形，边缘及表面生腺毛；花冠蓝紫色或蓝色；花丝下部有毛；花盘略呈较肥厚的片状。果实未见。花期6～7月。

生境：生于山阴坡沟旁多石地。

分布：分布于辽南、辽西。

用途：有清热解毒作用，也用于治疗跌打损伤。

3.41　苦苣苔科

旋蒴苣苔

科名：苦苣苔科 Gesneriaceae
属名：旋蒴苣苔属 *Boea*
学名：*Boea hygrometrica* (Bunge) R. Br.
别名：猫耳朵、牛耳草、八宝茶、石花子

保护级别及保护现状：无。

资源利用现状：无。

形态特征：多年生草本。叶全部基生，莲座状，圆卵形，被白色柔毛，边缘具牙齿或波状浅齿。聚伞花序伞状，苞片极小；花梗被短柔毛；花萼钟状；花冠淡蓝紫色；花丝扁平，退化雄蕊3；无花盘；雌蕊不伸出花冠外，子房卵状长圆形，被短柔毛。蒴果长圆形外面被短柔毛，螺旋状卷曲。种子卵圆形。花期7～8月，果期9月。

生境：生于山坡路旁岩石上。

分布：凌源、喀左、朝阳、建昌有分布。

用途：全草药用，味甘，性温，治中耳炎、跌打损伤等。

3.42　桔梗科

党参

科名：桔梗科 Campanulaceae
属名：党参属 *Codonopsis*
学名：*Codonopsis pilosula* (Franch.) Nannf.
别名：上党人参、防风党参、黄参、上党参

保护级别及保护现状：辽宁省Ⅲ级。

资源利用现状：作为重要药用植物栽培。

形态特征：茎基具多数瘤状茎痕，根常肥大呈纺锤状。茎缠绕，侧枝具叶，不育或先端着花，黄绿色或黄白色。叶在主茎及侧枝上互生，叶片卵形，边缘具波状钝锯齿。花单生于枝端。花萼贴生至子房中部；花冠上位，阔钟状，黄绿色，内面有明显紫斑；花丝基部微扩大，花药长形；柱头有白色刺毛。蒴果下部半球状，上部短圆锥状。种子卵形。花果期7～10月。

生境：生于海拔1 560～3 100米的山地林边及灌木丛中。

分布：辽东地区有分布。

用途：具有补中益气，健脾益肺的功效，用于脾肺虚弱、气短心悸、食少便溏、虚喘咳嗽、内热消渴等。

3.43　百合科

3.43.1　平贝母

科名：百合科 Liliaceae
属名：贝母属 *Fritillaria*
学名：*Fritillaria ussuriensis* Maxim.
别名：坪贝、贝母、平贝

保护级别及保护现状：辽宁省Ⅲ级。

资源利用现状：辽东作为药用植物栽培。

形态特征：多年生草本；鳞茎扁圆形，具肥厚鳞片。茎直立，光滑。茎下部叶常轮生，上部叶对生或互生，线形至披针形。花单生钟形；花被片6，外紫色，内面有近方形的黄色斑点；蜜腺圆形；花丝具小乳突。蒴果广倒卵圆形，具棱。有多数种子，半圆形，边缘具翅。

生境：多生于红松针阔叶混交林下。

分布：宽甸、桓仁等地有分布。

用途：药用主治清热润肺，化痰止咳。

3.43.2 薤白

科名：百合科 Liliaceae
属名：葱属 *Allium*
学名：*Allium macrostemon* Bunge
别名：小根蒜、密花小根蒜、团葱

保护级别及保护现状： 无。

资源利用现状： 作为山野菜栽培。

形态特征： 鳞茎近球状，基部常具小鳞茎；鳞茎外皮带黑色，纸质或膜质。叶半圆柱状，或因背部纵棱发达而为三棱状半圆柱形，中空，上面具沟槽。花葶圆柱状，总苞2裂，比花序短；伞形花序半球状至球状；小花梗近等长，珠芽暗紫色，基部亦具小苞片；花淡紫色或淡红色；花丝等长，花柱伸出花被外。花果期5～7月。

生境： 生于海拔1 500米以下的山坡、丘陵、山谷或草地上。

分布： 除辽西北外，辽宁其他地区广泛分布。

用途： 可食用。

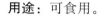

3.43.3　轮叶贝母

科名：百合科 Liliaceae
属名：贝母属 *Fritillaria*
学名：*Fritillaria maximowiczii* Freyn
别名：一轮贝母

保护级别及保护现状：辽宁省Ⅲ级。
资源利用现状：无。
形态特征：鳞茎周围有许多米粒状小鳞片，后者很容易脱落。叶条状或条状披针形，先端不卷曲，通常每3～6枚排成一轮，极少为二轮，向上有时还有1～2枚散生叶。花单朵，紫色，稍有黄色小方格；1叶状苞片，先端不卷；花丝无小乳突。花期6月，果期5月中旬到6月中旬。
生境：生于海拔1 400～1 480米的山坡上。
分布：辽西有分布。
用途：与贝母功效相近。

3.44   禾本科

中华结缕草

科名：禾本科 Poaceae
属名：结缕草属 *Zoysia*
学名：*Zoysia sinica* Hance

保护级别及保护现状：国家 II 级。

资源利用现状：作为草皮植物栽培。

形态特征：多年生草本。具横走根茎。秆直立，茎部常具宿存枯萎的叶鞘。叶鞘无毛，鞘口具长柔毛；叶舌短而不明显，质地稍坚硬，扁平或边缘内卷。总状花序穗形，小穗排列稍疏，伸出叶鞘外；小穗披针形或卵状披针形；颖光滑无毛，侧脉不明显，中脉近顶端与颖分离，延伸成小芒尖；外稃膜质。颖果。花果期 5～10 月。

生境：阳性喜温植物，对环境条件适应性强，耐旱、耐盐碱。

分布：辽南有分布。

用途：可作为运动场和草坪用草；是良好的水土保持植物；可饲用。

3.45 香蒲科

3.45.1 无柱黑三棱

科名：香蒲科 Typhaceae
属名：黑三棱属 *Sparganium*
学名：*Sparganium hyperboreum* Laext. ex
　　　Beurl.
别名：北方黑三棱

保护级别及保护现状：国家Ⅱ级。

资源利用现状：无。

形态特征：多年水生或沼生草本。根状茎粗壮；地上茎直立，粗壮，挺水。叶片具中脉，上基部鞘状。圆锥花序开展，具侧枝；雄花花被片匙形，膜质，先端浅裂，早落；花丝弯曲，花药近倒圆锥形；雌花着生于子房基部，宿存。果实倒圆锥形，具棱，褐色。花果期5～10月。

生境：生于湖泊、沼泽等水域中。

分布：辽宁大部分地区有分布。

用途：作为观赏植物，常用于湿地景观配置。

3.45.2　香蒲

科名：香蒲科 Typhaceae
属名：香蒲属 *Typha*
学名：*Typha orientalis* Presl
别名：蒲棒草

保护级别及保护现状：无。

资源利用现状：作为水生观赏植物引种栽培。

形态特征：多年生水生或沼生草本植物。根状茎乳白色；地上茎粗壮，向上渐细。叶片条形，叶鞘抱茎。雌雄花序紧密连接。果皮具长形褐色斑点。种子褐色，微弯。花果期 5 ~ 8 月。

生境：通常生于湖泊、河沟、沼泽、水塘边浅水处。

分布：辽宁大部分地区有分布。

用途：花粉（蒲黄）入药；叶片用于编织、造纸等；幼叶基部和根状茎先端可作为蔬菜食用；雌花序可作为枕芯和坐垫的填充物。叶片挺拔，花序粗壮，常用于花卉观赏。

3.46 兰科

3.46.1 天麻

科名：兰科 Orchidaceae
属名：天麻属 *Gastrodia*
学名：*Gastrodia elata* Bl.
别名：赤箭、独摇芝、离母、合离草、神草、白龙皮

保护级别及保护现状：辽宁省Ⅲ级。

资源利用现状：作为重要药用植物栽培。

形态特征：多年生草本植物。根状茎肥厚，无绿叶，蒴果倒卵状椭圆形，常以块茎或种子繁殖。

生境：生于腐殖质较多而湿润的林下，向阳灌丛及草坡亦有。

分布：辽东各地有分布。

用途：名贵中药，天麻块茎用以治疗头晕目眩、肢体麻木、小儿惊风、癫痫抽搐，破伤风等症；平肝息风，止痉。

3.46.2　白花天麻

科名：兰科 Orchidaceae
属名：天麻属 *Gastrodia*
学名：*Gastrodia elata* var. *pallens* Kitag.

保护级别及保护现状： 辽宁省Ⅲ级。

资源利用现状： 作为重要药用植物栽培。

形态特征： 与原变种主要区别为：花白色或稍带淡蓝色；茎较细且低矮。

生境： 生长的适宜温度为 10 ~ 30℃，最适温度为 20 ~ 25℃，空气相对湿度80%左右，土壤含水量50% ~ 55%，pH 5 ~ 6。白花天麻无根无叶，不能进行光合作用，是依靠蜜环菌供应营养生长繁衍。

分布： 辽宁凤城一带。

用途： 名贵中药，同天麻。

3.46.3 双蕊兰

科名： 兰科 Orchidaceae
属名： 双蕊兰属 *Diplandrorchis*
学名： *Diplandrorchis sinica* S. C. Chen

保护级别及保护现状： 辽宁省Ⅱ级。

资源利用现状： 无。

形态特征： 多年生腐生草本植物。根状茎短而弯曲，具稍肉质的细根。茎直立，不分枝，乳白色。无绿叶；鞘4枚，互生，膜质，圆筒状无毛，先端斜卵状。总状花序，具乳头状短柔毛；苞片披针形，膜质；萼片与花瓣均离生，斜展；蕊柱直立，无蕊喙，花丝极短，花粉成团状；柱头顶生，近盘状，子房椭圆形，胚珠多数。花期8月。

生境： 双蕊兰是腐生植物，生于海拔700～800米的柞木林下腐殖质厚的土壤上或荫蔽山坡上。双蕊兰在生长发育过程中需林间直射光照，对温度、湿度的要求都很严格，必须在相适应的条件下才能生长发育。一旦改变或破坏这种生境条件，其植株生长数量将逐渐减少甚至消失。

分布： 仅分布于新宾与桓仁。

用途： 对研究兰科植物的系统发育、古植物区系等均有重要意义。

3.46.4　无喙兰

科名：兰科 Orchidaceae
属名：无喙兰属 *Holopogon*
学名：*Holopogon gaudissartii* (Hand.-Mazz.) S. C. Chen

保护级别及保护现状：辽宁省Ⅲ级
资源利用现状：濒危种，未利用。
形态特征：具短的根状茎和成簇的肉质纤维根。茎直立，红褐色，无绿叶。总状花序顶生，具10～17花；花梗细长，被乳突状柔毛；子房椭圆形；花近辐射对称，紫红色；花瓣3枚相似，狭长圆形，无特化的唇瓣；蕊柱直立，背侧有明显的龙骨状脊；花粉团近椭圆形，松散。花期9月。
生境：生于海拔1 300～1 900米的林下。
分布：辽东地区有分布。
用途：对研究兰科植物的系统发育、古植物区系等均有重要意义。

4 辽宁省内九种兰科植物菌根真菌多样性研究

  兰科植物在生态系统中具有重要地位，且观赏价值与药用价值极高。菌根真菌对兰科植物完成生活史至关重要，研究兰科植物菌根真菌多样性对兰科植物的开发与保护具有重要作用。以辽宁省境内的9种兰科植物为例，利用第二代测序技术对其根、根际土和根围土中的真菌群落进行研究，结果如下（表1、表2）。

表1 物种鉴定与采集信息

序号	植物种类	学名	采集地点	采集日期
1	细葶无柱兰	*Amitostigma gracile* (Bl.) Schltr	辽宁省大连庄河市塔子沟	2016年6月10日
2	长苞头蕊兰	*Cephalanthera longibracteata* Bl.	辽宁省大连庄河市塔子沟	2016年6月10日
3	小斑叶兰	*Goodyera repens* (L.) R.Br.	辽宁省大连庄河市塔子沟	2016年6月10日
4	二叶舌唇兰	*Platanthera chlorantha* Cust. ex Rchb.	辽宁省凤城市、凌源市、本溪市与庄河市各一株	2016年6月8日至10日
5	蜻蜓舌唇兰	*Platanthera souliei* Kraenzl.	辽宁省丹东凤城市	2016年6月13日
6	羊耳蒜	*Liparis japonica* (Miq.) Maxim.	辽宁省大连庄河市姑庵庙	2016年6月10日
7	珊瑚兰	*Corallorhiza trifida* Chat.	辽宁省凌源市与河北省承德市的交界处	2016年6月13日
8	绶草	*Spiranthes sinensis* (Pers.) Ames	辽宁省阜新市阜蒙县泡子乡杜家店村	2016年7月15日
9	山兰	*Oreorchis patens* (Lindl.) Lindl.	辽宁省本溪市本溪县沟门和老秃顶子各一株	2016年6月11日、2016年9月

表2 指数名称及用法

序号	指数名称	评价指标与用法
1	Simpson 多样性指数（下文简称 Simpson 指数）	评价群落多样性的常用指数之一，对均匀度和群落中的优势OTU（运算分类单元）更敏感，Simpson 指数值越高，表明群落多样性越高
2	Shannon 多样性指数（下文简称 Shannon 指数）	综合考虑了群落的丰富度和均匀度，对群落的丰富度以及稀有OTU更敏感Shannon 指数值越高，表明群落的多样性越高
3	Chao1 丰富度估计指数（下文简称 Chao1 指数）	通过计算群落中只检测到1次和2次的OTU数，估计群落中实际存在的物种数，Chao1 指数越大，表明群落的丰富度越高

（续）

序号	指数名称	评价指标与用法
4	ACE丰富度估计指数（下文简称ACE指数）	估计群落中实际存在的物种数，一般而言，ACE指数越大，表明群落的丰富度越高
5	Jaccard指数	比较群落之间的相似性与差异性，Jaccard系数值越大，样本相似度越高
6	UniFrac distance	基于群落成员之间的系统发育亲缘关系比较群落之间的相似程度，系数值越小，群落之间的相似度越高
7	Weighted UniFrac distance	兼顾群落成员之间的系统发育关系以及它们在各自样本中的丰度高低，侧重于描述由群落成员丰度梯度的改变导致的样本差异
8	Unweighted UniFrac distance	仅考虑OTU在样本中存在与否，而不考虑其丰度高低，侧重于描述由群落成员的不同所导致的样本差异

4.1　辽宁省内九种兰科植物的共生真菌多样性

根据优质序列的鉴定结果，本书剔除了数据中的非真菌序列，仅保留真菌序列与没有鉴定结果的序列。经分析，所有样本中的序列长度主要分布于220～350bp之间。最后得到的所有序列中，属于子囊菌门真菌的序列占所有序列的42%，担子菌门真菌则占了所有序列的16.4%，另外，还有21.6%的序列没有明确的鉴定结果，20%的序列分类地位未定。根据庞雄飞等（1996）人的优势种类划分原则，本书将占序列总数10%以上的真菌划为优势种，将占序列总数1%～10%之间的真菌划为常见种，占序列总数≤1%的真菌划为稀有种。根据Dearnaley等（2012）人对兰科菌根真菌的介绍与总结，以及相关研究，筛选出了存在于各兰科植物根中的菌根真菌。结果显示，除珊瑚兰以外的所有兰科植物根中的菌根真菌丰度都远低于非菌根真菌，只有珊瑚兰根中的真菌以菌根真菌为主。除珊瑚兰之外的所有兰科植物的真菌群落如图1与图2所示。

细葶无柱兰的序列总数为47 944，90%以上的序列属于Ascomycota。优势真菌类群有3种，常见真菌类群有4种，其中3个优势真菌类群里，有一个属于Herpotrichiellaceae（48.32%），另外两个优势真菌类群都属于Helotiales（41.24%），包括11.29%的Hyaloscyphaceae，以及29.95%的其他Helotiales真菌。常见真菌类群分别有Ceratobasidiaceae（2.48%），Pleosporales（1.84%），Nectriaceae（1.21%）和Hypocreales（1.00%）。稀有真菌类群共占比例为4.96%，其中包括Thelephoraceae、Sebacinaceae和Tulasnellaceae。在这些真菌中，Ceratobasidiaceae、Sebacinaceae、Tulasnellaceae和Thelephoraceae为常见菌根真菌类群，其余真菌类群均为常出现于各种兰科植物根中的内生真菌。同时，在这些菌根真菌中，Ceratobasidiaceae丰度最大，序列数为1191，其余菌根真菌数量均极少，这表明，细葶无柱兰偏好与Ceratobasidiaceae共生。

长苞头蕊兰的序列总数为46 339，71.19%为Ascomycota，17.03%为Basidiomycota。其中，优势真菌类群分属于4个科，Aspergillaceae（29.55%）、Didymellaceae（15.46%）、Hypocreaceae（14.04%）和Thelephoraceae（13.11%）。常见真菌类群分别属于5个

科，Pleosporaceae（6.70%），Sebacinaceae（3.65%），Cunninghamellaceae（3.20%），Cladosporiaceae（2.27%）和Cordycipitaceae（1.13%）。稀有真菌类群比例为4.67%。其中Ceratobasidiaceae、Thelephoraceae和Sebacinaceae是常见的菌根真菌，其余均为经常出现于各种兰科植物中的内生真菌。之前的许多研究显示，长苞头蕊兰倾向于与Thelephoraceae真菌共生（Abadie et al.，2006；Yamato et al.，2008；Bidartondo et al.，2008；Pecoraro et al.，2017）。比如Abadie等（2006）对长苞头蕊兰根内的真菌进行了鉴定，结果表明，长苞头蕊兰根内的主要菌根真菌为Thelephoraceae和*Ceratobasidium*，同时，还有大量内生真菌存在，如Helotiales。Bidartondo等（2008）还从长苞头蕊兰根中发现了Russulaceae，Sebacinaceae和Thelephoraceae。在本书中，与长苞头蕊兰共生的菌根真菌除了Thelephoraceae（6079）以外，还有Sebacinaceae（1694），以及少数Ceratobasidiaceae（70），这表明，长苞头蕊兰除了主要与Thelephoraceae共生外，还能与*Ceratobasidium*，Russulaceae和Sebacinaceae共生。另外，Thelephoraceae真菌也是一些树的外生菌根真菌，可以从周围的树中获取碳源并传送给长苞头蕊兰，这也从一方面证实了此前关于头蕊兰属兰科植物的研究，即一些头蕊兰属的兰科植物可以通过外生菌根真菌从周围的树中获取碳源，以更好地生存（Bidartondo et al.，2008）。

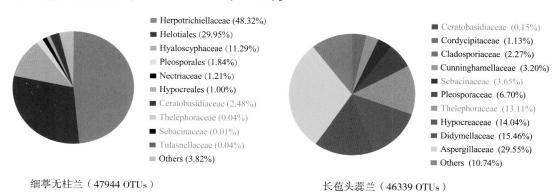

细葶无柱兰（47944 OTUs）

- Herpotrichiellaceae (48.32%)
- Helotiales (29.95%)
- Hyaloscyphaceae (11.29%)
- Pleosporales (1.84%)
- Nectriaceae (1.21%)
- Hypocreales (1.00%)
- Ceratobasidiaceae (2.48%)
- Thelephoraceae (0.04%)
- Sebacinaceae (0.01%)
- Tulasnellaceae (0.04%)
- Others (3.82%)

长苞头蕊兰（46339 OTUs）

- Ceratobasidiaceae (0.15%)
- Cordycipitaceae (1.13%)
- Cladosporiaceae (2.27%)
- Cunninghamellaceae (3.20%)
- Sebacinaceae (3.65%)
- Pleosporaceae (6.70%)
- Thelephoraceae (13.11%)
- Hypocreaceae (14.04%)
- Didymellaceae (15.46%)
- Aspergillaceae (29.55%)
- Others (10.74%)

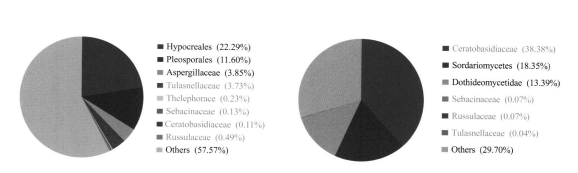

羊耳蒜（24668 OTUs）

- Hypocreales (22.29%)
- Pleosporales (11.60%)
- Aspergillaceae (3.85%)
- Tulasnellaceae (3.73%)
- Thelephorace (0.23%)
- Sebacinaceae (0.13%)
- Ceratobasidiaceae (0.11%)
- Russulaceae (0.49%)
- Others (57.57%)

小斑叶兰（38986 OTUs）

- Ceratobasidiaceae (38.38%)
- Sordariomycetes (18.35%)
- Dothideomycetidae (13.39%)
- Sebacinaceae (0.07%)
- Russulaceae (0.07%)
- Tulasnellaceae (0.04%)
- Others (29.70%)

图1 细葶无柱兰、长苞头蕊兰、羊耳蒜和小斑叶兰根中的内生真菌群落

注：红色字体为菌根真菌。

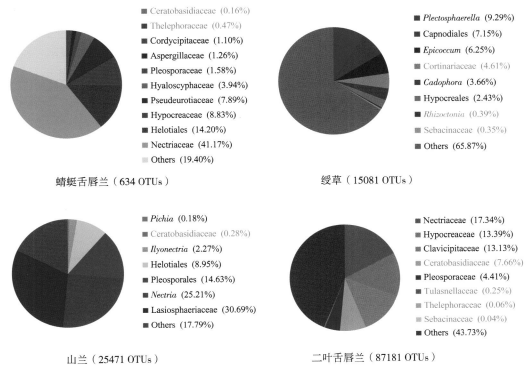

蜻蜓舌唇兰（634 OTUs）

绥草（15081 OTUs）

山兰（25471 OTUs）

二叶舌唇兰（87181 OTUs）

图2　蜻蜓舌唇兰、绥草、山兰和二叶舌唇兰根中的内生真菌群落

注：红色字体为菌根真菌。

　　羊耳蒜的序列总数为24 668，Chao1指数为578，根中的真菌种类比其他兰科植物都要多，但是羊耳蒜的菌根真菌群落在科及其以下的水平上都没有优势真菌类群，所有的真菌类群占比都小于10%，同时，51.43%的序列属于子囊菌，还有高达40%的序列在基因库中没有明确的鉴定结果。在所有真菌序列中，22.29%属于Hypocreales（如Nectriaceae、Cordycipitaceae和Clavicipitaceae），11.6%属于Pleosporales（如Pleosporaceae和Didymellaceae），以及3.73%属于Tulasnellaceae与3.85%属于Aspergillaceae。还有少数Russulaceae、Thelephoraceae、Sebacinaceae和Ceratobasidiaceae，这几种真菌与Tulasnellaceae都是常见的兰科菌根真菌，其余真菌也都是常见于兰科植物根内的真菌。这个结果显示，羊耳蒜根中存在多种菌根真菌，不过，这些菌根真菌中，只有Tulasnellaceae丰度较大，其余菌根真菌数量均极其稀少。即在这些菌根真菌中，羊耳蒜更偏好于和Tulasnellaceae共生。Ding等人（2014），对羊耳蒜菌根真菌进行分离培养，并对培养后的真菌进行ITS测序，结果表明，经培养后的羊耳蒜菌根真菌都与Tulasnella calospora有较高的相似度。本书对羊耳蒜菌根真菌的研究结果中，Tulasnellaceae也有着比其他菌根真菌更大的丰度，与Ding等人（2014）的研究结果在一定程度上相符。

　　小斑叶兰的序列总数为38 986，属于Basidiomycota的真菌与属于Ascomycota的真菌数量较相近，均占40%。其中，38.38%属于Ceratobasidiaceae，13.39%属于Dothideomycetidae，

18.35%属于Sordariomycetes，包括Xylariales、Sordariales、Nectriaceae、Ceratostomataceae、Valsaceae、Pichiaceae和Aspergillaceae。稀有真菌比例为10.57%，包括少数Sebacinaceae、Russulaceae和Tulasnellaceae。其中，Ceratobasidiaceae、Sebacinaceae、Russulaceae和Tulasnellaceae是普遍公认的菌根真菌。在本书的研究中，Ceratobasidiaceae是小斑叶兰根中丰度最大的真菌，有14 971条序列。这表明，小斑叶兰的主要共生菌根真菌是Ceratobasidiaceae，和之前关于小斑叶兰菌根真菌的许多研究相符（Alexander et al.，1985；Peterson et al.，1990；Sen et al.，1999；Cameron et al.，2008；Shefferson et al.，2010）。

蜻蜓舌唇兰的序列数很少，只有634条。在这些序列里，90%以上属于Ascomycota，其中41.17%为Nectriaceae，主要包括*Fusarium*和*Ilyonectria*，14.20%属于Helotiales，常见真菌类群有Hypocreaceae（8.83%）（如*Trichoderma*）、Pseudeurotiaceae（7.89%）（如*Alternaria*）、Hyaloscyphaceae（3.94%）、Pleosporaceae（1.58%）、Aspergillaceae（1.26%）、Cordycipitaceae（1.10%）。稀有真菌序列比例为12.78%。这些真菌常见于兰科植物的菌根中，如*Fusarium*存在于*Cephalanthera damasonium*、*S.spiralis*、*Gymnadenia conopsea*、*Epipactis atrorubens*和*E.helleborine*等植物中，*Alternaria*存在于*E.purpurata*、*E.albensis*和*S.spiralis*中（Malinová，2009；Tondello et al.，2009；Stark et al.，2009），*Trichoderma*在二叶舌唇兰中也大量存在，可以促进植物的生长，有利于植物的生存。但蜻蜓舌唇兰根中的菌根真菌数量却极少，只有3条革菌科真菌序列和一条角担菌科真菌序列。本次实验所采的蜻蜓舌唇兰样品为成熟的蜻蜓舌唇兰植物，叶片大且绿，能正常进行光合作用为自己提供有机物，这可能减少了这个时期的蜻蜓舌唇兰对菌根真菌的依赖程度，导致蜻蜓舌唇兰根内的真菌定殖率较低，因此在对成熟的蜻蜓舌唇兰根样进行测序时得到的序列数量较少。

珊瑚兰根中的菌根真菌情况与上述几种植物的结果明显不同，因为珊瑚兰菌根中的真菌种类很少，Chao1指数为21，序列总数为27 715，其中99.39%属于Thelephoraceae，其余真菌的序列所占比例皆小于1%，为稀有真菌。这和之前关于珊瑚兰菌根真菌的研究结果相符合（McKendrick et al.，2000；Zimmer et al.，2008），即珊瑚兰主要与Thelephoraceae共生。这说明，珊瑚兰对菌根真菌具有极高的特异性。同时Thelephoraceae也被证明是一些树的外生菌根真菌，而珊瑚兰无绿叶，属于腐生小草本，是完全异养型兰科植物。McKendrick等人（2000）的研究发现，标记了^{14}C的光合产物通过外生菌根从珊瑚兰周围的树流向了珊瑚兰，这表明，作为外生菌根真菌的Thelephoraceae真菌会从其他植物中获得营养并输送给珊瑚兰，以维持珊瑚兰的生长。

绶草根内提取出的真菌类群主要有*Plectosphaerella*、*Epicoccum*、Capnodiales、Cortinariaceae、*Cadophora*、Hypocreales，以及少量*Rhizoctonia*、Sebacinaceae、*Phoma*、*Tilletiopsis*、*Ganoderma*和*Fusarium*。其中，*Rhizoctonia*、Cortinariaceae和Sebacinaceae是常见的菌根真菌，且Sebacinaceae是丝核菌的有性态之一。虽然在这些真菌中，只有*Alternaria*、*Fusarium*与*Rhizoctonia*在关于绶草菌根真菌的其他研究中出现过（Tondello et al.，2009；Tondello et al.，2012；Masuhara et al.，1994），但其余真菌都曾在许多兰科植物的菌根中出现，属于兰科菌根真菌或内生真菌（Bayman et al.，2006；Oliveira et al.，2014）。其中，*Alternaria*和*Fusarium*通常被认为是病原菌，在一些情况下会使植物产生疾病，但

这种真菌在本实验以及其他许多对绥草菌根真菌的研究中都出现过（Sazak et al.，2006；Tondello，2009；Tondello et al.，2012）。它们存在于植物体内，并没有使植物患病，表明这些病原菌在植物体内的真菌群落中处于一个相对平衡的状态，它们的致病性被植物体内的防御机制协调并管理着（Tondello et al.，2012）。在以往的研究中，通常认为，绥草偏向于与 *Rhizoctonia* 共生，与本研究的结果相符。不过，在本书的结果中，除了 *Rhizoctonia* 以外还有许多其他真菌也存在于绥草根中，且这些非菌根真菌所占的比例远大于菌根真菌。在以往的相关研究中，人们大多采用真菌培养的方法，从绥草的菌根中分离菌丝并培养，以鉴定绥草根中的菌根真菌，这样的方法所得到的绥草菌根真菌几乎都属于 *Rhizoctonia*（Terashita，1982；Masuhara et al.，1993；Masuhara et al.，1994），而我们考虑到，兰科植物根中的许多真菌都是不可培养的，因此，本实验中的绥草菌根真菌是直接提取绥草的根中 DNA，然后对其转录间隔区序列进行测序而得，除了 *Rhizoctonia* 以外还有许多其他真菌。从绥草根中真菌的存在情况来看，本实验的结果显示，绥草的菌根中主要有如上所示的 12 个真菌类群存在。在相关研究中，Tondello 等人（2009、2012）也直接提取了绥草菌根的总 DNA，并进行测序，结果显示，绥草根内至少有 9 种内生真菌，其中也包括 *Alternaria*、*Fusarium* 和 *Rhizoctonia*，与本研究的结果相符。

山兰根中的共生真菌主要有 Lasiosphaeriaceae、*Nectria*、*Ilyonectria*、Pleosporales、Helotiales，以及少量 Ceratobasidiaceae、*Pichia*、*Penicillium* 等。其中，Ceratobasidiaceae 是最常见的菌根真菌，其余真菌均在其他兰科植物根中大量存在。在以往的研究中，关于山兰菌根真菌的研究很少，王平平等人（2012）对山兰菌根真菌进行离体培养后得到大量双核丝核菌，而双核丝核菌的有性态便是 *Ceratobasidium*（黄江华等，2002），属于 Ceratobasidiaceae，本研究的结果在一定程度上与其相符。

二叶舌唇兰的主要共生真菌主要有 Ceratobasidiaceae，Hypocreales（如 *Trichoderma*、Clavicipitaceae、*Ilyonectria*、*Dactylonectria*、*Fusarium*、*Metapochonia*、*Lecanicillium*），Pleosporaceae（如 *Alternaria*、*Embellisia* 和 *Phoma*），Helotiales（如 *Cadophora* 和 *Gyoerffyella*），Aspergillaceae（如 *Penicillium* 和 *Aspergillus*），以及少量 Sebacinaceae、Thelephoraceae 和 Tulasnellaceae。在这些真菌中，Ceratobasidiaceae、Sebacinaceae、Thelephoraceae 和 Tulasnellaceae 是最常见的菌根真菌。且 Ceratobasidiaceae 所占比例最大，为二叶舌唇兰根内的主要菌根真菌，这和之前的研究结果相符，即舌唇兰属植物倾向于与 Ceratobasidiaceae 共生（Currah et al.，1990；Zelmer et al.，1995；Zelmer et al.，1996；Sharma et al.，2003；Bidartondo et al.，2004；Zettler et al.，2011；Bateman et al.，2014；Esposito et al.，2016），Esposito 等人（2016）利用 454 焦磷酸测序对二叶舌唇兰中的菌根真菌进行了研究，也证明二叶舌唇兰中最主要的菌根真菌为 Ceratobasidiaceae，其次是 Sebacinaceae、Thelephoraceae 和 Tulasnellaceae，与本研究的结果相符。此外，二叶舌唇兰的根中还存在大量的 Clavicipitaceae、*Trichoderma*、Nectriaceae 和 Pleosporales。这些真菌也存在于其他兰科植物中，如 *Neottia nidus*-avis、*Epipactis atrorubens*、*E.helleborine*、*E.purpurata*、*E.albensis*、*S.spiralis*（Malinová，2009；McKendrick et al.，2002；Tondello et al.，2009），都是常见的植物内生真菌（Bayman et al.，2006；Spatafora et al.，2007；Oliveira et al.，2014）。

4.2　生境对兰科植物菌根真菌群落的影响

为了探究生境对兰科植物菌根真菌群落的影响，分别在中国辽宁省的凤城市、凌源市与庄河市采集了二叶舌唇兰样品，本溪市的沟门和老秃顶子采集了山兰样品，阜新市杜家店水库采集了绶草样品。通过这3种兰科植物，本书对生长于同一生境或不同生境的同种兰科植物根中的菌根真菌群落进行了分析。

4.2.1　生长于同一生境的绶草真菌群落比较

本实验在阜新市杜家店水库的同一生境采了3株绶草，编号分别为121、122、123。这3株绶草根中的真菌群落如图3所示。

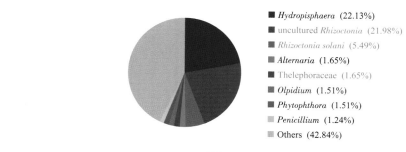

绶草121（711 OTUs）

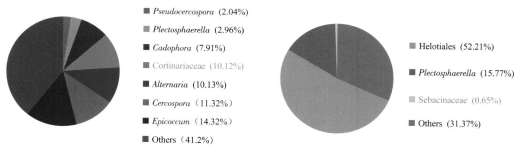

绶草122（6265 OTUs）　　　　　　绶草123（8377 OTUs）

图3　同一生境的绶草根中的主要真菌类群

注：红色字体的真菌为菌根真菌。

绶草121根中的序列总数较少，只有771条优质序列，真菌序列数远小于其他植物，这可能是由于该植物根中的真菌定殖率低。在这些序列中，有31.04%为Basidiomycota，33.65%为Ascomycota，其余序列在基因库中没有明确的鉴定结果。在所有序列中，有22.13%的序列属于*Hydropisphaera*，21.98%属于uncultured *Rhizoctonia*。常见真菌类群有*Rhizoctonia solani*（5.49%）、*Alternaria*（1.65%）、Thelephoraceae（1.65%）、*Olpidium*（1.51%）、

Phytophthora（1.51%），以及 *Penicillium*（1.24%）。其余11.40%为稀有种。菌根真菌有 uncultured *Rhizoctonia*、*Rhizoctonia solani* 和 Thelephoraceae。

绶草122根中的序列总数为6 265，其中61%属于Ascomycota，15.32%属于Basidiomycota，其余真菌在基因库中没有明确的鉴定结果。在这些序列中，有42.91%属于Dothideomycetes，主要包括 *Epicoccum*（14.32%）、*Cercospora*（11.32%）和 *Alternaria*（10.13%）。其次则是Agaricomycetes，所占比例为11.18%，主要包括Cortinariaceae（10.12%）。此外还有一些常见真菌类群，包括 *Cadophora*（7.91%）、*Plectosphaerella*（2.96%）、*Pseudocercospora*（2.04%）、*Gjaerumia*（1.68%），以及 *Cladosporium*（1.63%）。其余10.05%的序列均为稀有种。此外，在绶草122根中的菌根真菌都属于Cortinariaceae真菌。

绶草123根中的序列总数为8 377，其中高达52.21%的序列属于Helotiales，15.77%属于 *Plectosphaerella*，其余真菌序列占比均少于1%，为稀有种，其稀有种比例为7.18%。菌根真菌都是属于Sebacinaceae的真菌。

上述结果显示，这3株绶草生长于同一栖息地，采于同一时期，但它们的共生真菌类群却出现了较大差异。根据所得到的OTU种类和数量，我们计算了各样品的α多样性指数，包括Simpson指数，Shannon指数，Chao1指数，以及ACE指数。结果显示，绶草的各种α多样性指数都明显低于其他兰科植物（除了蜻蜓舌唇兰以外），这表明，绶草的共生真菌群落的物种多样性较低。同时，在属水平上，这3株绶草根的共生真菌群落彼此之间的Jaccard指数在0.327～0.412之间，主要真菌类群也各不相同，unweighted uniFrac距离在0.703～0.766之间，weighted uniFrac在0.913以上（uniFrac越接近于1，差异越显著）。这表明，这3株绶草的共生真菌群落之间有较大的差异。

4.2.2　生长于不同生境的二叶舌唇兰的真菌群落比较

本次研究所用的4份二叶舌唇兰样品分别采自不同的地点：凤城、凌源、庄河和岫岩。这些二叶舌唇兰的采集地点与生境条件如表3所示。各样品根中的真菌组成如图4所示。

表3　二叶舌唇兰的采集地点与生境条件

样品编号	采集地点	生境	土壤类型	年降水量（mm）	年平均气温（℃）	气候区
91	辽宁省丹东凤城市	针阔混交林	棕壤	1 000～1 100	7～8	冷凉湿润区
52	辽宁省凌源市	针阔混交林	褐土	400～500	8～9	暖温半湿润区
41	辽宁省大连庄河市	针阔混交林	棕壤	700～800	8～9	温和湿润区
F16	辽宁省鞍山市岫岩满族自治县	针阔混交林	棕壤	800～900	7～8	温和湿润区

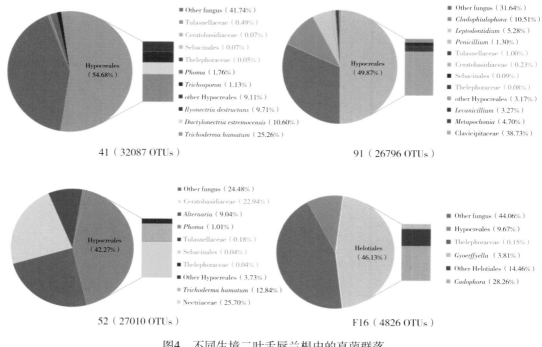

图4 不同生境二叶舌唇兰根中的真菌群落

注：红色字体的真菌为菌根真菌。

在庄河塔子沟采的二叶舌唇兰根中的真菌序列总数为32 087，其中，20%以上的序列在基因库中没有明确的鉴定结果，70%属于Ascomycota。在所有真菌序列中，高达54.68%的序列属于Hypocreales，如*Ilyonectria destructans*（9.71%）、*Dactylonectria estremocensis*（10.60%）、*Trichoderma hamatum*（25.26%）。此外，还有一些所占比例较低的真菌类群，如Tulasnellaceae（0.49%）、*Trichosporon*（1.13%）、*Phoma*（1.76%）等。稀有真菌比例为17.63%。

采于凌源的二叶舌唇兰根中的真菌序列总数为27 010，60%为Ascomycota，24.5%属于Basidiomycota。在所有真菌序列中，有42.27%的序列属于Hypocreales，主要包括Nectriaceae（25.70%）与*Trichoderma hamatum*（12.84%），其次是Cantharellales（23.11%）和Pleosporales（11.51%）。其中Cantharellales的主要真菌类群为Ceratobasidiaceae，占总序列数的22.94%，Pleosporales的主要真菌类群为*Alternaria*，占总序列数的9.04%，以及*Phoma*（1.01%）。稀有真菌序列比例为13.73%。

采于凤城的二叶舌唇兰的真菌序列总数为26 796，80%左右属于Ascomycota，且有15%左右的序列在基因库中没有明确的鉴定结果。在所有真菌序列中，有49.87%的序列属于Hypocreales，主要包括Clavicipitaceae（38.73%）、*Metapochonia*（4.70%）和*Lecanicillium*（3.27%）。其次则是Chaetothyriales的*Cladophialophora*（10.51%），以及*Leptodontidium*（5.28%），Tulasnellaceae（1.00%）和*Penicillium*（1.30%）。稀有真菌类群比例为13.19%。

　　采于岫岩的二叶舌唇兰根中的真菌序列总数为4 826，60%左右属于Ascomycota，37%左右的真菌在基因库中没有明确的鉴定结果。和前几株二叶舌唇兰不同的是，这株二叶舌唇兰根中的真菌序列中，有46.13%都属于Helotiales，主要包括*Cadophora*（28.26%）和*Gyoerffyella*（3.81%）；而Hypocreales只有9.67%，主要包括Nectriaceae（6.57%）。稀有真菌类群比例为6.78%。

　　如上述结果与图4所示，生长于凤城、凌源、庄河的这3株二叶舌唇兰根中都含有大量的Hypocreales，但它们的菌根真菌种类却并不相同，生长于庄河与凤城的二叶舌唇兰根中的菌根真菌主要属于Tulasnellaceae，而生长于凌源的二叶舌唇兰根中的菌根真菌主要属于Ceratobasidiaceae。与此同时，生长于岫岩的二叶舌唇兰根中的优势真菌并不是属于Hypocreales的真菌，而是属于Helotiales的真菌，在其余二叶舌唇兰根中大量存在的Hypocreales，在岫岩的二叶舌唇兰根中的存在量也高达9.67%。不过，它的菌根真菌数量极少，且都属于作为外生菌根真菌的Thelephoraceae。

　　从真菌群落的组成上看，采于凌源、庄河和凤城的二叶舌唇兰之间仍有大量相同的共生真菌，这些真菌大多属于Hypocreales。这表明，二叶舌唇兰可能对Hypocreales有所偏好。同时，这3个地点的二叶舌唇兰之间的unweighted uniFrac距离分别为0.507、0.379和0.528。它们在目、科和属水平上的Jaccard相似性指数如图5所示，可以看出，在不考虑真菌丰度，只考虑真菌种类的情况下，这3个地点的Jaccard相似性指数都较高，在目的分类水平上，它们彼此之间的Jaccard相似性指数已分别高达0.905、0.889和0.864，即这3株二叶舌唇兰的真菌群落组成成分具有很高的相似度。这个现象，在一定程度上贴近于Cevallos等人（2017）关于"keystone species"的理论，即兰科植物的共生真菌在不同地点下会围绕某些关键物种而发生变动。

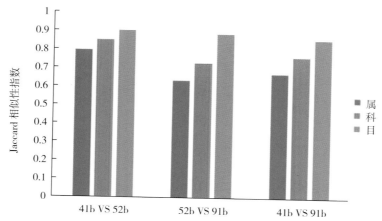

图5　采于凤城、凌源、庄河的二叶舌唇兰根中真菌群落之间的Jaccard相似性指数

　　　注：41b表示编号为4-1的二叶舌唇兰的根样，其余样品以此类推。

　　从真菌群落的结构上看，采于庄河与凌源的二叶舌唇兰根中，拥有一种共同的优势类群*Trichoderma*，而这种真菌类群在凤城和岫岩的二叶舌唇兰根中含量很少，分别只有1.37%和2.57%。采于凤城的二叶舌唇兰根中的几种优势真菌类群属于Clavicipitaceae

（38.73%），且这种真菌在其他二叶舌唇兰的根中含量极低，不到0.02%。采于岫岩的二叶舌唇兰根中的优势真菌都属于Helotiales，且在其他二叶舌唇兰根中的含量也极少。这几个地点的二叶舌唇兰彼此之间的weighted uniFrac在0.751 ~ 1.138之间，差异较大，同时，我们以Bray-Curtis距离，在属水平上，去除仅有1条序列的OTU后，对这4个地点的二叶舌唇兰根中的真菌组成做了NMDS（非度量多维标度）分析，结果如图6所示，每个地点的真菌群落都各自分开，并未聚在一起。这表明，每个地点的二叶舌唇兰根中的真菌群落在结构上存在一定的差异性，其中，采于岫岩的二叶舌唇兰与其他地点的二叶舌唇兰差异最大。即在考虑真菌丰度的情况下，这4个地点的二叶舌唇兰根中的真菌结构差异较大，从结果来看，这种差异主要体现在不同地点的二叶舌唇兰根中的优势真菌出现了不同，同一种真菌，在不同的地点，丰度发生了明显改变。

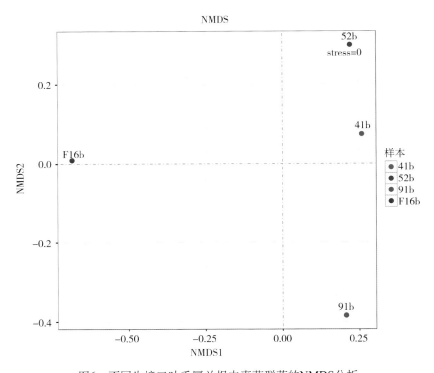

图6　不同生境二叶舌唇兰根中真菌群落的NMDS分析

综上所述，在生境不同的情况下，二叶舌唇兰所共生的真菌群落组成（即真菌种类）有较高的相似度，但真菌的群落结构（即各真菌所占的比例）却有较大的差异。这表明，二叶舌唇兰根中所共生的真菌种类受生境的影响较小，但其共生真菌的丰度却受到了生境的影响，导致不同生境下二叶舌唇兰的真菌群落结构差异较大。

4.2.3　生长于不同生境的山兰根中的真菌群落组成与比较

本实验在本溪的沟门和老秃顶子各采了一份山兰根样，生长于沟门的山兰正处于盛花期，而位于老秃顶子的山兰则正处于营养期。

采于老秃顶子的山兰根中的真菌序列总数为42 145，其中有66%左右属于Ascomycota，但仍有34%左右的序列在基因库没有明确的鉴定结果。在所有的序列中，有58.1%属于Sordariomycetes，主要包括Lasiosphaeriaceae（30.92%）和Nectria（25.40%），7.15%属于Helotiales。稀有真菌类群比例为2.82%，菌根真菌只有13条Ceratobasidium序列，3条Malassezia属的真菌序列。

采于沟门的山兰根中的真菌序列总数为25 452，36.42%属于Ascomycota，但有高达62%的序列在基因库中没有明确的鉴定结果。同时，在所有的序列中，有24.40%属于Dothideomycetes，主要成分为Pleosporales（24.09%）。其次是Cadophora（2.86%）与Ilyonectria（2.26%），其余已知真菌序列所占比例均在1%以下，稀有真菌类群比例为1.91%，菌根真菌只有98条Ceratobasidium序列。

如前面的结果所示，这两个地点的山兰根中都有较大比例的序列在基因库中没有明确的鉴定结果，尤其是采于沟门的山兰，未知序列比例高达62%，有15 000多条。在已知的序列中，两个地点的山兰其优势真菌类群明显不同，采于老秃顶子的山兰根中真菌大都属于Sordariomycetes，而采于沟门的山兰根中的真菌则主要属于Dothideomycetes。同时，它们之间的Jaccard系数只有0.327，群落组成相似度较低，weighted uniFrac距离为2.215。另外，处于营养期的山兰其真菌α多样性指数（Chao1指数、ACE指数、Simpson指数以及Shannon指数）均明显高于处于盛花期的山兰。这表明，这两个地点的山兰的真菌群落之间具有较大差异。

4.3　同一生境不同兰科植物的真菌群落结构比较

本实验于2016年6月10日，在中国辽宁省庄河塔子沟采集了4种生长于同一生境的兰科植物：二叶舌唇兰、细葶无柱兰、长苞头蕊兰和小斑叶兰。从共生菌根真菌群落结构上看，二叶舌唇兰4-1和长苞头蕊兰的菌根真菌群落结构分别都与其余3种兰科植物的菌根真菌群落结构之间有着明显的差异，如图7所示。

在这些兰科植物中，二叶舌唇兰4-1的主要菌根真菌为Epulorhiza、Gymnomyces、Tulasnellaceae、Sebacinales和Ceratobasidiaceae，长苞头蕊兰的主要菌根真菌分别属于Thelephoraceae和Sebacinaceae。而细葶无柱兰和小斑叶兰的主要菌根真菌都属于Ceratobasidiaceae。在这4种植株中，除了细葶无柱兰没有人研究过其菌根真菌以外，其余3种植物的共生菌根真菌类群都和以前的研究结果相符。这个现象表明，即使生长于同一生境下，兰科植物的共生菌根真菌群落也会因其植物种类的不同而出现显著不同，这和之前的一些研究结果相符，相似的结果在许多研究中都有报道（Waterman et al.，2011；Jacquemyn et al.，2014；Pellegrino et al.，2014；Jacquemyn et al.，2015b；Oja et al.，2015）。其中，Jacquemyn等人（2014）研究了生长于同种生境的7种兰科植物的共生菌根真菌群落，并发现不同兰科植物的菌根真菌群落之间有着明显的差异，并表示，菌根真菌是影响陆生兰科植物生态位的一个重要因素。Jacquemyn等人（2015b）还对生长于地中海草地上同一区域的20种陆生兰科植物与其菌根真菌之间的网络结构进行了研究，发现这些兰科植物的菌根真菌之间显示出了显著的模块化网络结构，各兰科植物的菌根真菌群落之间联系很弱。

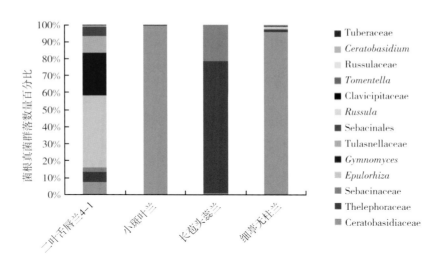

图7 同一生境不同兰科植物的菌根真菌群落比较

从兰科植物根内的真菌群落组成来看，这4种兰科植物的真菌群落结构都有着显著差异，如图8所示，这几种兰科植物的根样中，有着各不相同的优势真菌，它们彼此之间的weighted uniFrac 在 $1.28 \sim 1.82$ 之间，unweighted uniFrac 在 $0.683 \sim 0.854$ 之间，即这4种兰科植物根内的真菌群落在结构与组成上都有着明显不同。这表明，在生境相同的情况下，兰科植物根内的共生真菌群落和菌根真菌群落一样，会随着植物种类的不同而发生改变。

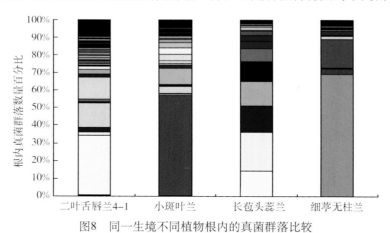

图8 同一生境不同植物根内的真菌群落比较

注：因图中所涉及的真菌数量太多，图例太大，故此图未添加图例。

4.4 兰科植物亲缘关系与其共生菌根真菌选择的关系

在目前对兰科植物与其菌根真菌的研究中，有的学者认为，兰科植物的共生菌根真菌与植物之间的亲缘关系有关（Shefferson et al.，2007、2010；Jacquemyn et al.，2010a、2011、2012），亲缘关系相近的兰科植物可能会倾向于与相同或者相关的真菌共生（Martos et al.，2012），比如，*Caladenia*属的兰科植物都偏好于与*Sebacina*属真菌共生（Phillips et al.，2016），*Orchis*属的兰科植物都优先与Tulasnellaceae和Ceratobasidiaceae真菌共生（Girlanda et al.，2011；Jacquemyn et al.，2011）。不过，此前关于这个问题的研究主要集中在同属的兰科植物上，那么，这种同属兰科植物与其菌根真菌之间随亲缘关系的变化趋势，是否在不同属的兰科植物中也存在呢？因此，本研究也在系统进化方面对不同属的兰科植物与其菌根真菌之间的关系展开了讨论。

本实验所涉及的9种兰科植物之间的进化关系如图9所示。

基于各植物之间的亲缘关系，在各个真菌分类水平上对它们根内的真菌群落进行了分析。如图9所示，相较于其他兰科植物，二叶舌唇兰与蜻蜓舌唇兰之间具有更近的亲缘关系，有趣的是，在共生真菌的选择上，这两种兰科植物都倾向于与Hypocreales真菌共生。Hypocreales真菌在这两种兰科植物根内的存在比例都高达40.4% ~ 62.4%，而其余真菌大部分没有明确的鉴定结果，即在这两种兰科植物已知的真菌中，Hypocreales真菌在蜻蜓舌唇兰和二叶舌唇兰根内的存在比例最大，蜻蜓舌唇兰和二叶舌唇兰都偏好于与Hypocreales真菌共生。但同时，从之前的分析结果来看，本实验中，蜻蜓舌唇兰的真菌群落明显小于其他兰科植物，序列总数较少，其中属于菌根真菌的序列更是只有少数几条，这可能是由于所采的蜻蜓舌唇兰根样本身的真菌定殖率较低的原因。

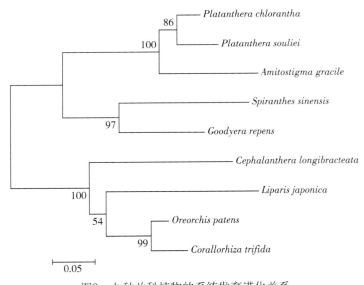

图9 九种兰科植物的系统发育进化关系

另一方面，珊瑚兰是本实验中唯一的腐生型兰科植物，从进化树上看，它与其他兰科植物的亲缘关系最远。同时，在共生真菌的选择上，珊瑚兰菌根中的物种类别很少，Chao1指数为21，序列总数为27 715，其中99.39%属于Thelephoraceae，其余真菌的序列所占比例皆小于1%，为稀有真菌。即珊瑚兰倾向于与Thelephoraceae真菌共生，Thelephoraceae真菌同时也是一些树木的外生菌根真菌，则珊瑚兰可能会通过Thelephoraceae从其他植物中获得营养物质，以维持生长。而在本实验的其余兰科植物中，Thelephoraceae只在长苞头蕊兰中丰度较高，但只占了长苞头蕊兰中真菌序列总数的13.11%。从根内的共生真菌群落方面看，长苞头蕊兰与珊瑚兰虽有着相同的菌根真菌，但它们根中的菌根真菌组成并不相同，真菌群落之间的unweighted uniFrac为0.783，weighted uniFrac为1.255，差异很大。因此，在根内共生真菌的选择上，作为腐生型兰科植物的珊瑚兰与本实验中的其余兰科植物都有着明显的差异。

随后，我们剔除了各兰科植物根内的非菌根真菌，只对菌根真菌群落进行了分析，绘制了植物进化树与菌根真菌进化树的对应关系，如图10所示。在这些兰科植物中，绶草和小斑叶兰之间有着较近的亲缘关系，同时，它们虽然没有相同的共生菌根真菌，但其共生菌根真菌之间也有着较近的亲缘关系（图10的圆圈部分）。然而，除此之外的其余兰科植物之间却并没有出现类似情况。这可能是由于本实验所涉及的兰科植物在中国辽宁境内的种群数量较少，且都属于稀有种群，导致目前的样本数量不足以充分体现出兰科植物菌根真菌随其宿主的亲缘关系而发生变化的趋势。因此，本研究所得到的实验结果虽然暂时不能证明不同属各兰科植物之间的共生菌根真菌群落和其亲缘关系有着强烈的相关性，但绶草和小斑叶兰这两种亲缘关系相近的兰科植物根内的共生菌根真菌之间也展现了相近的亲缘关系。这表明，不同属的兰科植物在共生真菌的选择上，也可能会出现随亲缘关系变化的现象，但这种现象可能不会像同属兰科植物之间那么广泛。

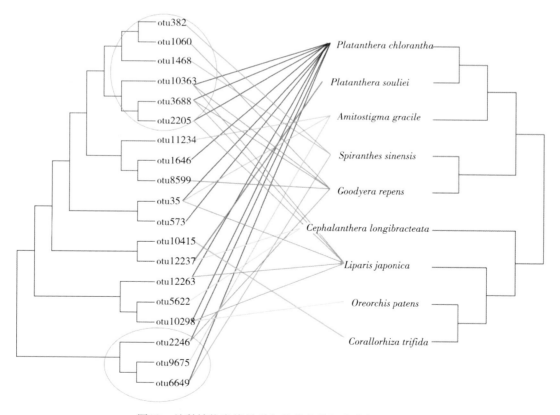

图10　兰科植物亲缘关系与其共生菌根真菌之间的联系

4.5　兰科植物根与其周围土壤中菌根真菌群落之间的关系

4.5.1　兰科植物根与土壤中菌根真菌群落的比较结果

众所周知，植物根系会通过向土壤分泌大量有机物质，形成根际沉积，为根际微生物提供丰富的营养和能源，且这些根际分泌物里含有具生物活性的大分子和小分子次生代谢产物，这些分泌物的种类和数量能够调节根际微生物的种类和数量，并对某些微生物产生吸引作用（吴林坤，2014）。这表明，兰科植物根际土中的菌根真菌会受到兰科植物根的强烈影响。因此，研究兰科植物根际土中的菌根真菌对探究兰科植物与其菌根真菌的关系具有重要意义。

本次实验取了9种兰科植物的根、根际土和根围土样品，利用第二代测序技术对这3类样品中的真菌群落进行了测序，计算了各样品之间的Jaccard指数，unweighted uniFrac metric与weighted uniFrac metric。结果表明，各植物根与根际土中真菌群落之间的Jaccard指数在0.177 ~ 0.385之间，平均为0.283（越接近0差异越大），unweighted uniFrac在0.671 ~ 0.903之间，平均为0.772（越接近1差异越大），weighted uniFrac在0.78以上，平均为1.305（数值越大差异越大），根与根围土中的真菌群落之间的Jaccard指数在0.144 ~ 0.389之间，平均为0.273，unweighted uniFrac在0.694 ~ 0.907之间，平均为0.782，weighted uniFrac距离在0.98以上，平均为1.408。同时，将两株山兰和采于岫岩的二叶舌唇兰的根样、根际土样品和根围土这9个样品中的真菌群落进行了聚类分析，发现3份根样中的真菌群落聚在了一起，而其余样品则是每种植物的根际土与根围土聚在了一起。对于另外的36个样品，则使用R软件对属水平的真菌群落其组成结构进行了PCA（主成分分析）（如图11），结果显示，大部分根样中的真菌群落都聚到了一起，与根际土与根围土中真菌群落的分支区分开来。这表明，本实验中所涉及的所有兰科植物根内的真菌群落和它们对应的根际土与根围土中的真菌群落都具有十分明显的差异。这些差异具体体现在各群落真菌种类和丰度的不同上。比如，在小斑叶兰根中丰度较大的一些真菌，虽然在其土壤中也存在，但其存在数量极少，如*Phomopsis*和Nectriaceae。同样，一些在土壤中存在数量较多的真菌在根中存在的数量也很少。

另一方面，几乎所有样品中，根与根际土中真菌群落之间的差异都略小于根与根围土中的真菌群落之间的差异。这种微小的差异，可能是由于取样时，根围土取的是十分贴近根际土的那部分土壤，均离植物的根较近。这在一定程度上表明，随着土壤样品与植物根的距离增加，土壤中的真菌群落与根中真菌群落的差异出现了增加趋势。

另外，本次还将所有样品中的菌根真菌分离出来，单独进行了分析，结果显示，土壤中各种菌根真菌的丰度并没有随着土壤样品离植物根的距离增加而呈规律性地减少，甚至根样中的菌根真菌群落和土壤样品中的菌根真菌群落出现了显著差异。具体表现如下：

采于庄河塔子沟的二叶舌唇兰根中存在的Tulasnellaceae和*Gymnomyces*，在其土壤样品中却没有发现；在其生境土中存在的*Lactarius*，在根际土与根中也没有出现。另外，

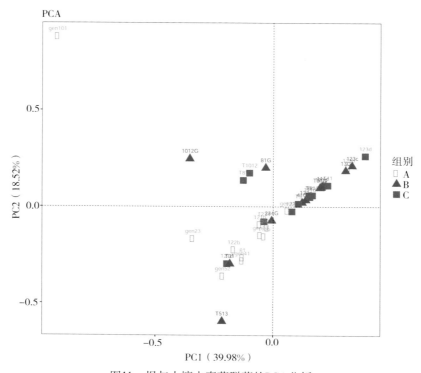

图11　根与土壤中真菌群落的PCA分析

注：图中A组为根样，B组为根际土样品，C组为根围土样品。

*Epulorhiza*在其根样中有128条序列，但其根际土中只有10条序列，而根围土中没有发现。采于岫岩的二叶舌唇兰根中大量存在的Ceratobasidiaceae、Tulasnellaceae和*Gymnomyces*，在其土壤样品中存在的数量却很少甚至没有。采于凤城的二叶舌唇兰的根围土中含有较多数量的*Russula*，但其根样中却没有。采于岫岩的二叶舌唇兰的根际土与根围土样品中存在较多的Thelephoraceae，但其根中的Thelephoraceae数量却极少，只有7条序列。

　　同样，山兰的土壤样品中存在*Ceratobasidium*、Thelephoraceae、Ceratobasidiaceae、*Tuber*等多种菌根真菌，而其根内却只存在*Ceratobasidium*，以及一条Thelephoraceae序列。珊瑚兰的土壤中也有较多的Sebacinaceae、*Russula*和Tuberaceae，但其根内却很少出现这些真菌。长苞头蕊兰根中大量存在的Sebacinaceae在其土壤中的含量却很少，而在土壤中含量较多的Ceratobasidiaceae和*Russula*，其根样中却只检测到了70条Ceratobasidiaceae序列，没有*Russula*，这说明，长苞头蕊兰极有可能不偏好Ceratobasidiaceae和*Russula*。与之相反的是，细葶无柱兰根中的Ceratobasidiaceae远多于土壤样品中的Ceratobasidiaceae，且根围土中要少于根际土，这表明，细葶无柱兰确实偏好与Ceratobasidiaceae共生。

　　值得注意的是，本次的测序结果显示，蜻蜓舌唇兰的根样中菌根真菌存在的数量极少，仅有3条Thelephoraceae序列与1条Ceratobasidiaceae序列，而其根围土和根际土样品中却存在大量的菌根真菌，如Thelephoraceae、Sebacinaceae，以及少量*Russula*和Ceratobasidiaceae。有研究表示，兰科植物在不同生长时期所需要的营养不同，其根内的共生菌根真菌也会因此发生改变（Bidartondo et al.，2008；Oja et al.，2015；Han et al.，2016）。而本研究取样的蜻蜓舌唇兰正处于花期，生长情况良好，叶片绿而大，可进行光合作用，为植物提供足够的有机物，对菌根真菌的需求较弱，这可能导致了其根内的菌根定殖率极低。

　　和以上的所有样品一样，本实验中采于同一生境的绶草根内的菌根真菌群落与根际土、根围土样品中菌根真菌群落也具有明显差别，如图12所示。

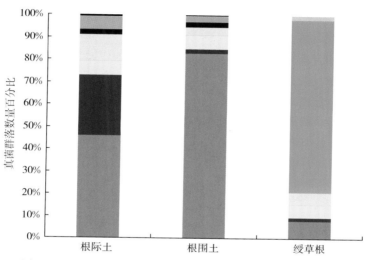

图12　同一生境的绶草根、根际土与根围土中的真菌群落比较

注：因图中所涉及的真菌数量太多，图例太大，故此图未添加图例。

　　Waud等人（2016）对3种兰科植物（*Anacamptis morio*、*Gymnadenia conopsea*、*Orchis mascula*）的菌根真菌进行了研究，发现这几种植物根内的真菌多样性都要高于其周围土壤中真菌的多样性，且菌根真菌的存在随着与兰科植物根的距离的增加而快速减少。然而，在本实验中，我们计算了各样品真菌群落的 α 多样性指数，包括Chao1指数，ACE指数，Simpson指数，以及Shannon指数，结果显示，本次实验所涉及的9种兰科植物中，只有羊耳蒜和二叶舌唇兰这两种植物根内真菌的 α 多样性较高。它们根内真菌的Chao1指数和ACE指数均高于其根围土，而其余的所有植株根内真菌的 α 多样性指数均低于其相应根际土或根围土样品中真菌的多样性指数，与 Waud 等人（2016）的研究结果不符。

4.5.2　根际土与根围土中菌根真菌的差异

　　在种的水平上，我们计算了每种植物的根际土与根围土样品中真菌群落之间的Jaccard 指数，unweighted uniFrac metric 与 weighted uniFrac metric。结果显示，根际土与根围土样品中真菌群落之间的Jaccard 指数在0.214 ～ 0.594之间变化，平均为0.435；它们的 unweighted uniFrac metric 在0.368 ～ 0.803之间变化，平均为0.601；它们的 weighted uniFrac metric 在0.408 ～ 1.225，平均为0.873。在科水平上的Jaccard 指数在0.34 ～ 0.68之间，平均为0.52。这表明，兰科植物根际土与根围土中的菌根真菌群落之间虽具有一定的差异，但差异程度较小，联系前面植物根与土壤中真菌群落相似性的比较，可以发现，兰科植物根际土与根围土中真菌群落之间的相似度要明显高于植物根与根际土、植物根与根围土中真菌群落之间的相似度。

从菌根真菌群落方面看，各兰科植物根际土与根围土中菌根真菌群落的 Jaccard 指数在0.3 ～ 0.714之间，平均为0.493，相似度较低，但大部分在根际土中丰度较高的菌根真菌在根围土中的丰度也会出现较高于其他真菌的情况，部分根际土中的优势真菌类群在根围土中也属于优势真菌类群。这在很大程度上体现了根际土与根围土在真菌类群方面的联系。

该项研究对辽宁省内9种兰科植物的真菌群落进行了研究，鉴定了各植物根内存在的菌根真菌，结果表明，细葶无柱兰、二叶舌唇兰、小斑叶兰和山兰都偏好于和 Ceratobasidiaceae 共生，长苞头蕊兰能与 Thelephoraceae、*Ceratobasidium* 和 Sebacinaceae 共生；羊耳蒜偏好与 Tulasnellaceae 共生；珊瑚兰对菌根真菌具有极高的特异性，几乎只与 Thelephoraceae 共生；绶草偏好与丝核菌共生，比如 *Rhizoctonia* 和 Sebacinaceae。同时，在所有的兰科植物根内，不仅存在特异性菌根真菌，还存在大量的内生真菌和一部分病原菌，它们在植物根内相互影响，共同维护植物根内微环境的平衡。因此，在研究兰科菌根真菌的同时，对兰科菌根真菌与内生真菌之间的相互作用进行探索也是很有必要的。

5 东北地区兰科植物简介及其图谱

　　兰科植物全科均为国际公约保护植物，占保护植物总数的90%以上。中国是全球兰科植物资源较丰富的国家之一，有兰科植物170余属1 300种左右，其中属于我国特有品种的有500种左右，具有极高的观赏、药用、科研和文化价值。早在1975年，兰科植物已被全部列入《濒危野生动植物种国际贸易公约》（CITES）附录，国际贸易受到严格禁止或控制。我国已将兰科植物列入第二批《国家重点保护野生植物名录》和全国野生动植物保护及自然保护区建设工程15个重点保护物种之一。东北地区的气候、土壤与植被具有独特性。东北地区自南向北跨中温带与寒温带，属温带季风气候，四季分明，夏季温热多雨，冬季寒冷干燥，气候类型多样；年降水量自1 000毫米降至300毫米以下，从湿润区、半湿润区过渡到半干旱区，湿度变化差异显著；土壤以棕壤为主，与南方地区明显不同，土壤类型多。对水热条件要求较高的兰科植物有27种分布于东北地区，更加反映了东北地区在我国植物多样性、植物演化中的重要地位。

　　东北地区兰科植物种类具有独特性。世界上最原始的兰科植物双蕊兰 *Diplandrorchis sinica*，目前仅发现分布于辽宁省桓仁、新宾和陕西省黄陵县，它是研究兰科植物演化的宝贵物种。在东北地区常年保持绿色的山兰与南方地区山兰在对气候的适应上有明显差异。分布于阜新彰武沙漠腹地的蜻蜓舌唇兰 *Platanthera souliei*、羊耳蒜 *Liparis japonica*、二叶舌唇兰 *Platanthera chlorantha* 等兰科植物由于第四纪冰川后就与其他种群发生地理隔离与生殖隔离，使他们成为研究地质变迁、气候演化，以及植物适应与进化的好材料。近年来随着经济发展，自然生态受到了严重破坏，对环境要求比较严格的兰科植物受到的冲击最大。随着城市扩张与人类活动范围的扩大，人类对自然环境的干扰强度加大，一些兰科植物遭到灭顶之灾。一些最有可能绝灭的动物、植物和微生物，实际上是传染病传播的"缓冲区"。这也说明为什么在生物多样性减少的情况下，一些物种却得以生存下来，它们在人类受到感染之前，代人类承担了许多疾病的侵袭，而一些幸存的"坚强"物种同时也是最擅长抗病原的生物。兰科植物是与菌根真菌共生的植物，关于它的许多方面仍有未解之谜。一旦某一兰科植物消失，就像象鸟（*Aepyornis maximus*）消失一样，我们将永远失去研究它的机会，将来只能在书本中或化石中观察它。这种情况增多将会减少我们子孙后代的发展机会。

　　本书得到了通化师范学院周繇教授、大连自然博物馆张淑梅研究员、辽宁省青龙河国家级自然保护区白瑞兴高级工程师、沈阳市植物园王文元高级工程师的大力支持。他们为本书提供了东北地区兰科植物的彩色照片。

①布袋兰

②长苞头蕊兰

③凹舌兰

①珊瑚兰

②裂唇虎舌兰

③杓兰

①　②
　　③

①山西杓兰
②凹唇鸟巢兰
③细毛火烧兰

①十字兰
②天麻

①
②

①角盘兰
②曲瓣羊耳蒜

①北方羊耳蒜
②沼兰

$$\frac{①}{②}$$

①对叶兰

②长白舌唇兰

①蜻蜓兰
②小花蜻蜓兰

参考文献

曹伟，吴雨洋，李岩，等，2013. 中国东北受威胁植物的优先保护区域[J]. 应用生态学报，24（2）：326-330.

冯昌林，邓振海，蔡道雄，等，2012. 广西雅长林区野生兰科植物资源现状与保护策略[J]. 植物科学学报，30（3）：285-292.

国志兴，张晓宁，王宗明，等，2010. 东北地区植被物候对气候变化的响应[J]. 生态学杂志，29（3）：578-585.

黄江华，杨媚，周而勋，等，2002. 丝核菌研究进展[J]. 仲恺农业技术学院学报，15（1）：61-67.

黄运峰，杨小波，2008. 兰科菌根研究综述[J]. 热带亚热带植物学报，16（3）：283-288.

李杰，王芝娜，匡萍，等，2013. 野生兰属植物菌根真菌的分离和表型鉴定[J]. 亚热带农业研究，9（4）：254-257.

李潞滨，胡陶，唐征，等，2008. 我国部分兰属植物菌根真菌 rDNA ITS 序列分析[J]. 林业科学，44（2）：160-164.

刘舒，陈春黎，刘敏，等，2016. 两种内生真菌对大花蕙兰的共生效应比较[J]. 华中农业大学学报，1：43-49.

庞雄飞，尤民生，1996. 昆虫群落生态学[M]. 北京：中国农业出版社.

冉砚珠，徐锦堂，1988. 蜜环菌抑制天麻种子发芽的研究[J]. 中药通报，13（10）：15-17.

任宗昕，王红，罗毅波，2012. 兰科植物欺骗性传粉[J]. 生物多样性，20（3）：270-279.

宋军阳，张显，赵明德，2009. 兰科花卉野生资源调查研究进展[J]. 北方园艺（10）：228-231.

孙凤华，袁健，路爽，2006. 东北地区近百年气候变化及突变检测[J]. 气候与环境研究，11（1）：101-108.

覃海宁，赵莉娜，于胜祥，等，2017. 中国被子植物濒危等级的评估[J]. 生物多样性，25（7）：745-757.

王平平，王玉娇，陈旭辉，等，2012. 山兰菌根真菌离体培养条件的研究[J]. 北方园艺，9：66-69.

王绍强，周成虎，刘纪远，等，2001. 东北地区陆地碳循环平衡模拟分析[J]. 地理学报，56（4）：390-400.

王芝娜，李杰，张银杰，2013. 中国兰属植物菌根真菌的 rDNA ITS 分析[J]. 西北农林科技大学学报（自然科学版），41（4）：191-196.

王治江，李培军，王延松，等，2005. 辽宁省生态功能分区研究[J]. 生态学杂志，24（11）：1339-1342.

吴林坤，林向民，林文雄，2014. 根系分泌物介导下植物-土壤-微生物互作关系研究进展与展望[J]. 植物生态学报，38（3）：298-310.

伍建榕，韩素芬，王光萍，等，2004. 兰科植物菌根研究进展[J]. 西南林业大学学报，24（3）：76-80.

伍建榕，吕梅，刘婷婷，等，2009. 6种兰科植物菌根的显微及超微结构研究[J]. 西北农林科技大学学报（自然科学版），37（7）：199-207.

徐锦堂，2013. 我国天麻栽培50年研究历史的回顾[J]. 食药用菌，21（1）：58-63.

颜容，2004. 兰科植物菌根真菌的分类及其与共生植物间的营养关系[J]. 西部林业科学，33（4）：50-53.

张殷波，杜昊东，金效华，等，2015. 中国野生兰科植物物种的多样性与地理分布[J]. 科学通报，60（2）：179-188.

张玉武，杨红萍，陈波，等，2009. 中国兰科植物研究进展概述[J]. 贵州科学，27（4）：78-85.

张毓，张启翔，赵世伟，等，2010. 大花杓兰种子形态特征与生活力测定[J]. 北京林业大学学报，32（1）：69-73.

赵运林，1994. 兰科植物传粉生物学研究概述[J]. 植物学通报，11（3）：27-33.

郑超文，肖娅萍，2014. 兰科菌根真菌研究方法的概述[J]. 微生物学杂志，34（4）：85-89.

Abadie J C, Püttsepp Ü, Gebauer G, et al., 2006. *Cephalanthera longifolia*（Neottieae, Orchidaceae）is mixotrophic: a comparative study between green and non-photosynthetic individuals[J]. Botany, 84（9）：1462-1477.

Alessandra T, Elena V, Mariacristina V, 2012. Fungi associated with the southern Eurasian orchid *Spiranthes spiralis*（L.）Chevall[J]. Fungal Biology, 116（4）：543-549.

Alexander C, Hadley G, 1985. Carbon movement between host and mycorrhizal endophyte during the development of the orchid *Goodyera repens* Br[J]. New Phytologist, 101（4）：657-665.

Bahram M, Peay K G, Tedersoo L, 2015. Local-scale biogeography and spatiotemporal variability in communities of mycorrhizal fungi[J]. New Phytologist, 205（4）：1454.

Barrett C F, Freudenstein J V, Taylor D L, et al., 2010. Range-wide analysis of fungal associations in the fully mycoheterotrophic *Corallorhiza striata* complex（Orchidaceae）reveals extreme specificity on ectomycorrhizal *Tomentella*（Thelephoraceae）across North America[J]. American Journal of Botany, 97（4）：628-643.

Bateman R M, Rudall P J, Bidartondo M I, et al., 2014. Speciation via floral heterochrony and presumed mycorrhizal host switching of endemic butterfly orchids on the Azorean archipelago[J]. American Journal of Botany, 101（6）：979-1001.

Batty A L, Dixon K W, Brundett M, et al., 2001. Constraints to symbiotic germination of terrestrial orchid seed in a mediterranean bushland[J]. New Phytologist, 152：511-520.

Bayman P, Otero J T, 2006. Microbial endophytes of orchid roots[J]. Microbial root endophytes, 9：153-177.

Bidartondo M I, Burghardt B, Gebauer G, et al., 2004. Changing partners in the dark: isotopic and molecular evidence of ectomycorrhizal liaisons between forest orchids and trees[J]. Proceedings of the Royal Society of London B: Biological Sciences, 271（1550）：1799-1806.

Bidartondo M I, Read D J, 2008. Fungal specificity bottlenecks during orchid germination and development[J]. Molecular Ecology, 17（16）：3707-3716.

Bokulich N A, Subramanian S, Faith J J, et al., 2013. Quality-filtering vastly improves diversity estimates from Illumina amplicon sequencing[J]. Nature methods, 10（1）：57-59.

Bonnardeaux Y, Brundrett M, Batty A, et al., 2007. Diversity of mycorrhizal fungi of terrestrial orchids: compatibility webs, brief encounters, lasting relationships and alien invasions[J]. Mycological research, 111 (1): 51-61.

Bougoure J, Ludwig M, Brundrett M, et al., 2009. Identity and specificity of the fungi forming mycorrhizas with the rare mycoheterotrophic orchid *Rhizanthella gardneri*[J]. Mycological research, 113 (10): 1097-1106.

Cameron D D, Johnson I, Read D J, et al., 2008. Giving and receiving: measuring the carbon cost of mycorrhizas in the green orchid, *Goodyera repens*[J]. New Phytologist, 180 (1): 176-184.

Cameron D D, Johnson I, Leake J R, et al., 2007. Mycorrhizal acquisition of inorganic phosphorus by the green-leaved terrestrial orchid *Goodyera repens*[J]. Ann Bot, 99: 831-834.

Cameron D D, Leake J R, Read D J, 2006. Mutualistic mycorrhiza in orchids: evidence from plant-fungus carbon and nitrogen transfers in the green-leaved terrestrial orchid *Goodyera repens*[J]. New Phytologist, 71: 405-416.

Caporaso J G, Kuczynski J, Stombaugh J, et al., 2010. QIIME allows analysis of high-throughput community sequencing data[J]. Nat Methods, 7 (5): 335-336.

Cevallos S, Sánchez-Rodríguez A, Decock C, et al., 2017. Are there keystone mycorrhizal fungi associated to tropical epiphytic orchids[J]. Mycorrhiza, 27 (3): 225-232.

Chao A, Yang M C K, 1993. Stopping rules and estimation for recapture debugging with unequal failure rates[J]. Biometrika, 80 (1): 193-201.

Chao A, 1984. Nonparametric estimation of the number of classes in a population[J]. Scandinavian Journal of Statistics, 11: 265-270.

Chase M W, Cameron K M, Freudenstein J V, et al., 2015. An updated classification of Orchidaceae[J]. Botanical Journal of the Linnean Society, 177 (2): 151-174.

Cowden C C, Shefferson R P, 2013. Diversity of root-associated fungi of mature *Habenaria radiata* and *Epipactis thunbergii* colonizing manmade wetlands in Hiroshima Prefecture, Japan[J]. Mycoscience, 54 (5): 327-334.

Currah R S, Smreciu E A, Hambleton S, 1990. Mycorrhizae and mycorrhizal fungi of boreal species of *Platanthera* and *Coeloglossum* (Orchidaceae) [J]. Canadian Journal of Botany, 68: 1171-1181.

Dearnaley J D W, Martos F, Selosse M A, 2012. 12 Orchid Mycorrhizas: Molecular Ecology, Physiology, Evolution and Conservation Aspects[J]. Mycota, the mycota (9): 207-230.

Dearnaley J D W, 2007. Further advances in orchid mycorrhizal research[J]. Mycorrhiza, 17 (6): 475-486.

Dearnaley J D W, Brocque A F L, 2006. Molecular identification of the primary root fungal endophytes of *Dipodium hamiltonianum* (Orchidaceae) [J]. Australian Journal of Botany, 54 (5): 487-491.

Diez J M, 2007. Hierarchical patterns of symbiotic orchid germination linked to adult proximity and environmental gradients[J]. Journal of Ecology, 95 (1): 159-170.

Ding R, Chen X H, Zhang L J, et al., 2014. Identity and specificity of *Rhizoctonia*-like fungi from different populations of Liparis *japonica* (Orchidaceae) in Northeast China[J]. Plos One, 9 (8): e105573.

Edgar R C, 2010. Search and clustering orders of magnitude faster than BLAST[J]. Bioinformatics, 26: 2460-

2461.

Ercole E, Adamo M, Rodda M, et al., 2015. Temporal variation in mycorrhizal diversity and carbon and nitrogen stable isotope abundance in the wintergreen meadow orchid *Anacamptis morio*[J]. New Phytologist, 205 (3): 1308-1319.

Esposito F, Jacquemyn H, Waud M, et al., 2016. Mycorrhizal fungal diversity and community composition in two closely related *Platanthera* (Orchidaceae) species[J]. Plos One, 11 (10): e0164108.

Ezzi M I, Lynch J M, 2002. Cyanide catabolizing enzymes in *Trichoderma*.spp[J]. Enzyme & Microbial Technology, 31 (7): 1042-1047.

Fortuna M A, Stouffer D B, Olesen J M, et al., 2010. Nestedness versus modularity in ecological networks: two sides of the same coin[J]. Journal of Animal Ecology, 79 (4): 811-817.

Girlanda M, Segreto R, Cafasso D, et al., 2011. Photosynthetic Mediterranean meadow orchids feature partial mycoheterotrophy and specific mycorrhizal associations[J]. American Journal of Botany, 98 (7): 1148-1163.

Han J Y, Xiao H F, Gao J Y, 2016. Seasonal dynamics of mycorrhizal fungi in *Paphiopedilum spicerianum* (Rchb. f) Pfitzer — A critically endangered orchid from China[J]. Global Ecology & Conservation, 6 (6): 327-338.

Harman G E, Howell C R, Viterbo A, et al., 2004. Trichoderma species:opportunistic, avirulent plant symbionts[J]. Nature reviews Microbiology, 2 (1): 43-56.

Heijden M G, Martin F M, Selosse M A, et al., 2015. Mycorrhizal ecology and evolution: the past, the present, and the future[J]. New Phytologist, 205 (4): 1406-1423.

Hilszczańska D, 2016. Endophytes–characteristics and possibilities of application in forest management[J]. Forest Research Papers, 77 (3): 276-282.

Irwin M J, Dearnaley J D W, Bougoure J J, 2007. *Pterostylis nutans* (Orchidaceae) has a specific association with two *Ceratobasidium* root-associated fungi across its range in eastern Australia[J]. Mycoscience, 48 (4): 231-239.

Jacquemyn H, Brys R, Cammue B P, et al., 2010a. Mycorrhizal associations and reproductive isolation in three closely related Orchis species[J]. Annals of Botany, 107 (3): 347-356.

Jacquemyn H, Brys R, Merckx V S, et al., 2014. Coexisting orchid species have distinct mycorrhizal communities and display strong spatial segregation[J]. New Phytologist, 202 (2): 616-627.

Jacquemyn H, Brys R, Vandepitte K, et al., 2007. A spatially explicit analysis of seedling recruitment in the terrestrial orchid Orchis purpurea[J]. New Phytologist, 176 (2): 448-459.

Jacquemyn H, Brys R, Waud M, et al., 2015b. Mycorrhizal networks and coexistence in species-rich orchid communities[J]. New Phytologist, 206 (3): 1127-1134.

Jacquemyn H, Deja A, Bailarote B C, et al., 2012. Variation in mycorrhizal associations with tulasnelloid fungi among populations of five Dactylorhiza species[J]. Plos One, 7 (8): e42212.

Jacquemyn H, Honnay O, Cammue B, et al., 2010b. Low specificity and nested subset structure characterize mycorrhizal associations in five closely related species of the genus Orchis[J]. Molecular Ecology, 19 (18): 4086-4095.

Jacquemyn H, Merckx V, Brys R, et al., 2011. Analysis of network architecture reveals phylogenetic constraints on mycorrhizal specificity in the genus *Orchis* (Orchidaceae) [J]. New Phytologist, 192 (2): 518-528.

Jacquemyn H, Waud M, Lievens B, et al., 2016. Differences in mycorrhizal communities between *Epipactis palustris*, *E.helleborine* and its presumed sister species *E.neerlandica*[J]. Annals of botany, 118 (1): 105-114.

Jacquemyn H, Waud M, Merckx V S, et al., 2015a. Mycorrhizal diversity, seed germination and long-term changes in population size across nine populations of the terrestrial orchid *Neottia ovata*[J]. Molecular ecology, 24 (13): 3269-3280.

Jasinge N U, Huynh T, Lawrie A C, 2018. Changes in orchid populations and endophytic fungi with rainfall and prescribed burning in *Pterostylis revoluta* in Victoria, Australia[J]. Annals of botany, 121 (2): 321–334.

Jumpponen A R I, Trappe J M, 1998. Dark septate endophytes: a review of facultative biotrophic root-colonizing fungi[J]. The New Phytologist, 140 (2): 295-310.

Kartzinel T R, Trapnell D W, Shefferson R P, 2013. Highly diverse and spatially heterogeneous mycorrhizal symbiosis in a rare epiphyte is unrelated to broad biogeographic or environmental features[J]. Molecular ecology, 22 (23): 5949-5961.

Kohout P, Těšitelová T, Roy M V, et al., 2013. A diverse fungal community associated with *Pseudorchis albida* (Orchidaceae) roots[J]. Fungal Ecology, 6 (1): 50-64.

Kristiansen K A, Freudenstein J V, Rasmussen F N, et al., 2004. Molecular identification of mycorrhizal fungi in *Neuwiedia veratrifolia* (Orchidaceae) [J]. Molecular phylogenetics and evolution, 33 (2): 251-258.

Liu T, Li C M, Han Y L, et al., 2015. Highly diversified fungi are associated with the achlorophyllous orchid *Gastrodia flavilabella*[J]. BMC genomics, 16 (1): 1422-1435.

Lozupone C A, Hamady M, Kelley S T, et al., 2007. Quantitative and qualitative beta diversity measures lead to different insights into factors that structure microbial communities[J]. Applied and environmental microbiology, 73 (5): 1576-1585.

Lozupone C A, Knight R, 2005. UniFrac: a new phylogenetic method for comparing microbial communities[J]. Appl Environ Microbiol, 71 (12): 8228-8235.

Malinová T, 2009. Germination ecology on orchids[D]. Ceské Budejovice: University of South Bohemia Faculty of Science.

Martos F, Munoz F, Pailler T, et al., 2012. The role of epiphytism in architecture and evolutionary constraint within mycorrhizal networks of tropical orchids[J]. Molecular Ecology, 21 (20): 5098-5109.

Masuhara G, Katsuya K, Yamaguchi K, 1993. Potential for symbiosis of *Rhizoctonia solani* and binucleate *Rhizoctonia* with seeds of *Spiranthes sinensis* var.*amoena* in vitro[J]. Mycological Research, 97 (6): 746-752.

Masuhara G, Katsuya K, 1994. In situ and in vitro specificity between *Rhizoctonia* spp. and *Spiranthes sinensis* (Persoon) Ames, var. *amoena* (M. Bieberstein) Hara (Orchidaceae) [J]. New Phytologist, 127 (4): 711-

718.

McCormick M K, Jacquemyn H, 2014. What constrains the distribution of orchid populations[J]. New Phytologist, 202 (2): 392-400.

McCormick M K, Taylor D L, Whigham D F, et al., 2016. Germination patterns in three terrestrial orchids relate to abundance of mycorrhizal fungi[J]. Journal of Ecology, 104 (3): 744-754.

McCormick M K, Lee T D, Juhaszova K, et al., 2012. Limitations on orchid recruitment: not a simple picture[J]. Molecular ecology, 21 (6): 1511-1523.

McKendrick S L, Leake J R, Taylor D L, et al., 2000. Symbiotic germination and development of myco-heterotrophic plants in nature: ontogeny of Corallorhiza trifida and characterization of its mycorrhizal fungi[J]. The New Phytologist, 145 (3): 523-537.

McKendrick S L, Leake J R, Taylor D L, et al., 2002. Symbiotic germination and development of the myco-heterotrophic orchid *Neottia nidus-avis* in nature and its requirement for locally distributed *Sebacina* spp.[J]. New Phytologist, 154 (1): 233-247.

Nosil P, Vines T H, Funk D J, 2005. Perspective: reproductive isolation caused by natural selection against immigrants from divergent habitats[J]. Evolution, 59 (4): 705-719.

Oja J, Kohout P, Tedersoo L, et al., 2015. Temporal patterns of orchid mycorrhizal fungi in meadows and forests as revealed by 454 pyrosequencing[J]. New Phytologist, 205 (4): 1608-1618.

Olesen J M, Bascompte J, Dupont Y L, et al., 2007. The modularity of pollination networks[J]. Proceedings of the National Academy of Sciences, 104 (50): 19891-19896.

Oliveira S F, Bocayuva M F, Veloso T G R, et al., 2014. Endophytic and mycorrhizal fungi associated with roots of endangered native orchids from the Atlantic Forest, Brazil[J]. Mycorrhiza, 24 (1): 55-64.

Otero J T, Flanagan N S, 2006. Orchid diversity – beyond deception[J]. In Trends in Ecology & Evolution, 21 (2): 64-65.

Pandey M, Sharma J, Taylor D, et al., 2013. A narrowly endemic photosynthetic orchid is non-specific in its mycorrhizal associations[J]. Molecular Ecology, 22 (8): 2341-2354.

Pecoraro L, Huang L, Caruso T, et al., 2017. Fungal diversity and specificity in *Cephalanthera damasonium* and *C. longifolia* (Orchidaceae) mycorrhizas[J]. Journal of Systematics and Evolution, 55 (2): 158-169.

Pellegrino G, Luca A, Bellusci F, 2016. Relationships between orchid and fungal biodiversity: mycorrhizal preferences in Mediterranean orchids[J]. Plant Biosystems-An International Journal Dealing with all Aspects of Plant Biology, 150 (2): 180-189.

Pereira O L, Kasuya M C M, Borges A C, et al., 2005. Morphological and molecular characterization of mycorrhizal fungi isolated from neotropical orchids in Brazil[J]. Canadian Journal of Botany, 83 (1): 54-65.

Peterson R L, Currah R S, 1990. Synthesis of mycorrhizae between protocorms of *Goodyera repens*(Orchidaceae) and *Ceratobasidium cereale*[J]. Canadian Journal of Botany, 68 (5): 1117-1125.

Phillips R D, Barrett M D, Dalziell E L, et al., 2016. Geographical range and host breadth of *Sebacina* orchid mycorrhizal fungi associating with *Caladenia* in south-western Australia[J]. Botanical Journal of the Linnean Society, 182 (1): 140-151.

Phillips R D, Peakall R, Hutchinson M F, et al., 2014. Specialized ecological interactions and plant species rarity: the role of pollinators and mycorrhizal fungi across multiple spatial scales[J]. Biological Conservation, 169: 285-295.

Rasmussen H N, Rasmussen F N, 2009. Orchid mycorrhiza: implications of a mycophagous life style[J]. Oikos, 118 (3): 334-345.

Rasmussen H N, 1995. Terrestrial orchids: from seed to mycotrophic plant[M]. Cambridge: Cambridge University Press.

Rasmussen H N, 2002. Recent developments in the study of orchid mycorrhiza[J]. Plant & Soil, 244 (1/2): 149-163.

Rosa S, Reine S W, Rina S K, 2015. Orchid Mycorrhizal Fungi: Identification of *Rhizoctonia* from West Kalimantan[J]. Microbiology Indones, 9 (4): 157-162.

Sakamoto Y, Yokoyama J, Maki M, 2015. Mycorrhizal diversity of the orchid *cephalanthera longibracteata*, in Japan[J]. Mycoscience, 56 (2): 183-189.

Sazak A, Ozdener Y, 2006. Symbiotic and Asymbiotic Germination of Endangered *Spiranthes spiralis* (L.) Chevall. and *Dactylorhiza osmanica* (Kl.) Soó var. *Osmanica* (Endemic) [J]. Pak. J. Biol. Sci, 9: 2222-2228.

Sen R, Hietala A M, Zelmer C D, 1999. Common anastomosis and internal transcribed spacer RFLP groupings in binucleate *Rhizoctonia* isolates representing root endophytes of Pinus sylvestris, *Ceratorhiza* spp. from orchid mycorrhizas and a phytopathogenic anastomosis group[J]. The New Phytologist, 144 (2): 331-341.

Shakya M, Gottel N, Castro H, et al., 2013. A multifactor analysis of fungal and bacterial community structure in the root microbiome of mature Populus deltoides trees[J]. Plos One, 8 (10): e76382.

Shannon C E, 1948. A mathematical theory of communication[J]. The Bell System Technical Journal, 27: 379-423, 623-656.

Sharma J, Zettler L W, Van Sambeek J W, 2003. A survey of mycobionts of federally threatened *platanthera praeclara* (orchidaceae) [J]. Symbiosis, 34 (2): 145-155.

Shefferson R P, Cowden C C, Mccormick M K, et al., 2010. Evolution of host breadth in broad interactions: mycorrhizal specificity in East Asian and North American rattlesnake plantains (*Goodyera* spp.) and their fungal hosts[J]. Molecular Ecology, 19 (14): 3008-3017.

Shefferson R P, Taylor D L, Weiss M, et al., 2007. The evolutionary history of mycorrhizal specificity among lady's slipper orchids[J]. Evolution, 61 (6): 1380-1390.

Simpson E H, 1949. Measurement of Diversity[J]. Nature, 163: 688.

Smith S E, Read D J, 2008. Mycorrhizal symbiosis[M]. Cambridge: Academic Press.

Spatafora J W, Sung G H, Sung J M, et al., 2007. Phylogenetic evidence for an animal pathogen origin of ergot and the grass endophytes[J]. Molecular Ecology, 16 (8): 1701-1711.

Stark C, Babik W, Durka W, 2009. Fungi from the roots of the common terrestrial orchid Gymnadenia conopsea[J]. Mycological research, 113 (9): 952-959.

Takahiro Y, Masahide Y, 2008. Isolation and identification of mycorrhizal fungi associated with *Stigmatodactylus sikokianus* (maxim. ex makino) Rauschert (orchidaceae) [J]. Mycoscience, 49 (6): 388-

391.

Tedersoo L，Anslan S，Bahram M，et al.，2015. Shotgun metagenomes and multiple primer pair-barcode combinations of amplicons reveal biases in metabarcoding analyses of fungi[J]. MycoKeys，10：1-43.

Terashita T，1982. Fungi inhabiting wild orchids in Japan（II）：Isolation of symbionts from *Spiranthes sinensis* var. *amoena*[J]. Transactions of the Mycological Society of Japan，23：319-328.

Tondello A，Vendramin E，Villani M，et al.，2009. Analysis，determination and cultivation of endophytic fungi associated with the orchid *Spiranthes spiralis*[J]. Ann. Rev. Microbiol.，59：106.

Tondello A，Vendramin E，Villani M，et al.，2012. Fungi associated with the southern Eurasian orchid *Spiranthes spiralis*（L.）Chevall[J]. Fungal biology，116（4）：543-549.

Vincenot L，Tedersoo L，Richard F，et al.，2008. Fungal associates of Pyrola rotundifolia，a mixotrophic Ericaceae，from two Estonian boreal forests[J]. Mycorrhiza，19（1）：15-25.

Voyron S，Ercole E，Ghignone S，et al.，2017. Fine-scale spatial distribution of orchid mycorrhizal fungi in the soil of host-rich grasslands[J]. New Phytologist，213（3）：1428-1439.

Vujanovic V，St-Arnaud M，Barabé D，et al.，2000. Viability testing of orchid seed and the promotion of colouration and germination[J].Annals of Botany，86（1）：79-86.

Waller F，Achatz B，Baltruschat H，et al.，2005. The endophytic fungus *Piriformospora indica* reprograms barley to salt-stress tolerance，disease resistance，and higher yield[J]. Proceedings of the National Academy of Sciences of the United States of America，102（38）：13386-13391.

Waterman R J，Bidartondo M I，Stofberg J，et al.，2011. The effects of above-and belowground mutualisms on orchid speciation and coexistence[J]. The American Naturalist，177（2）：E54-E68.

Waud M，Brys R，Van Landuyt W，et al.，2017. Mycorrhizal specificity does not limit the distribution of an endangered orchid species[J]. Molecular ecology，26（6）：1687-1701.

Waud M，Busschaert P，Lievens B，et al.，2016. Specificity and localised distribution of mycorrhizal fungi in the soil may contribute to co-existence of orchid species[J]. Fungal Ecology，20：155-165.

Yamato M，Iwase K，2008. Introduction of asymbiotically propagated seedlings of *Cephalanthera falcata*（Orchidaceae）into natural habitat and investigation of colonized mycorrhizal fungi[J]. Ecological Research，23（2）：329-337.

Zelmer C D，Currah R S，1995. *Ceratorhiza pernacatena* and *Epulorhiza calendulina* spp. nov.：mycorrhizal fungi of terrestrial orchids[J]. Canadian Journal of Botany，73（12）：1981-1985.

Zelmer C D，Cuthbertson L，Currah R S，1996. Fungi associated with terrestrial orchid mycorrhizas，seeds and protocorms[J]. Mycoscience，37（4）：439-448.

Zettler L W，Piskin K A，2011. Mycorrhizal fungi from protocorms，seedlings and mature plants of the eastern prairie fringed orchid，*Platanthera leucophaea*（Nutt.）Lindley：A comprehensive list to augment conservation[J]. The American Midland Naturalist，166(1)：29-39.

Zimmer K，Meyer C，Gebauer G，2008. The ectomycorrhizal specialist orchid *Corallorhiza trifida* is a partial myco-heterotroph[J]. New Phytologist，178(2)：395-400.